EL PRIMER ERROR D'EINSTEIN

Interval de temps

Evgeni Bantutov

ЕДБ

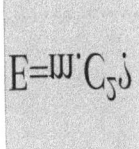

Copyright © 2022 Evgeni Bantutov

All rights reserved

The characters and events portrayed in this book are fictitious. Any similarity to real persons, living or dead, is coincidental and not intended by the author.

No part of this book may be reproduced, or stored in a retrieval system, or transmitted in any form or by any means, electronic, mechanical, photocopying, recording, or otherwise, without express written permission of the publisher.

Cover design by: ЕДБ

CONTENTS

Title Page
Copyright
El primer error d'Einstein — 1
1. Pròleg — 2
2. Introducció — 3
3. Descripció del problema — 4
4. Solució del problema — 57
5. Anàlisi 02.02.2022. — 63
6 Anàlisi 22022022 — 68
7. Definició d'entorn — 70
8. Explicacions a l'entorn de definició. — 72
9. Conclusió — 78

EL PRIMER ERROR D'EINSTEIN

Interval de temps

Evgeni Bantutov

1. PRÒLEG

Aquest llibre es titula El primer error d'Einstein. Està dissenyat com a segona edició i versió ampliada del llibre "L'error d'Einstein". S'han editat parts substancials del text principal i s'han afegit tres nous capítols.

2. INTRODUCCIÓ

La teoria especial de la relativitat va ser creada per Albert Einstein. És una teoria del temps, l'espai i el moviment.

En crear la Teoria Especial de la Relativitat, Einstein va utilitzar rellotges que mesuren el temps.

Aquests rellotges han de funcionar de manera sincrònica. Perquè funcionin de manera sincrònica, cal que estiguin sincronitzats amb antelació. La sincronització dels rellotges sempre es fa mitjançant un mètode per verificar el funcionament sincrònic dels rellotges.

El mètode utilitzat per Albert Einstein és impossible. Quan el mètode d'Albert Einstein és impossible, llavors la Relativitat Especial també és impossible.

Això és el que mostrarem en aquest llibre.

Hi ha moltes figures al llibre. A través de les xifres, el mètode a d'Albert Einstein per comprovar el funcionament sincrònic dels rellotges es mostra i s'explica fàcilment.

Quan hi ha xifres, els lectors que no tenen una educació especial en física entenen de seguida quin va ser l'error d'Albert Einstein.

El llibre està fet de manera força deliberada, per a persones que no són especialistes en física, però que els agrada pensar, analitzar i buscar respostes a preguntes físiques interessants i misteris naturals.

3. DESCRIPCIÓ DEL PROBLEMA

L'any 1905, l'article " Zur elek $_t$ rodynamik mover Kö rper " Annalen _ der Physik 1905 17, 891-921).

L'autor és molt jove, i es diu Albert Einstein. Després d'aquest article, es va convertir en un investigador de fama mundial.

L'article consta d'una introducció, dues parts i deu paràgrafs. Les coses més importants es diuen a les tres primeres pàgines de l'article. En aquestes poques pàgines es mostren les idees que formen la base de la Teoria Especial de la Relativitat. Aquestes idees són objecte de greus crítiques i es poden oposar.

La principal objecció és contra el mètode d'Albert Einstein de sincronitzar els rellotges.

Això és el que diu Einstein:

Si un rellotge es troba en un punt de l'espai, l'observador situat a A **pot determinar l'hora dels esdeveniments directament a** A. **Demanant la coincidència de la simultània amb aquests esdeveniments la posició de les agulles del rellotge. Si en un altre punt** B **de l'espai també hi ha un rellotge, - podem afegir, "un rellotge amb exactament el mateix aparell que el situat a** A, **- llavors encara és possible determinar l'hora dels esdeveniments a** les proximitats immediates, **a partir del un situat a l'** B **observador.**

Sense una hipòtesi addicional, però, no és possible

comparar en el temps, un esdeveniment a A, amb un esdeveniment a B; fins ara hem definit "temps A" i "temps B", però no el general, per A i B "temps".

Podem fer això últim assumint per definició que el temps que triga la llum a arribar de A a B és igual al temps que triga a arribar de B a A. Sigui precisament en un instant t_A relatiu al temps A, un raig de llum es dirigeix des de A a B, en un instant t_B relatiu al temps B, es reflecteix des de B a A, i en un instant t'_A relatiu al "temps A", torna a A. Per definició, dos rellotges es sincronitzen si:

$$t_B - t_A = t'_A - t_B$$

Aquest és el text en què Albert Einstein mostra el seu mètode de sincronització de dos rellotges, i demostra que aquests dos rellotges funcionen sincronitzats. El mètode d'Einstein s'explica i s'entén fàcilment mitjançant l'ús d'un exemple numèric.

Per exemple, un observador A envia un pols de llum a les vuit del matí. Les vuit són un moment en el temps t_A.

$$t_A = 8$$

Si els dos rellotges estan sincronitzats, el rellotge de l'observador B també hauria de marcar les vuit.

L'inici del pols de llum arriba al punt B, i després el rellotge de l'observador situat al punt B, mostra les deu. Les deu són un moment de temps t_B

$$t_B = 10$$

Si els dos rellotges estan sincronitzats, el rellotge de l'observador A també hauria de marcar les deu.

El raig es reflecteix des del punt B, i torna a un observador A a les dotze en punt. Les dotze són un moment de temps t'_A.

$$t'_A = 12$$

Si els dos rellotges estan sincronitzats, el rellotge del punt B, també hauria de mostrar les dotze en punt.

El pols de llum recorre la distància de A a B en dues hores, i recorre la distància inversa, de B a A, de nou en dues hores.

Segons la definició d'Einstein, dos rellotges es sincronitzen si:

$$t_B - t_A = t'_A - t_B$$

En la fórmula d'Einstein, substituïm els moments de temps pels seus valors numèrics i obtenim l'expressió:

10-8=12-10

S'obté:

2=2.

La igualtat és certa, per tant els rellotges estan sincronitzats. Tot és molt senzill i el lector està convençut que qualsevol comentari és innecessari.

Malauradament, això no és cert.

Ara tu i jo, estimat lector, analitzarem acuradament el mètode d'Albert Einstein.

Albert Einstein diu el següent:

Sigui precisament en un moment t_A relatiu al "temps A" que un raig de llum es dirigeix des de A a B, en un moment t_B relatiu al "temps B", es reflecteix des de B a A, i en un moment t'_A relatiu al "temps A", torna a A.

Del que s'ha dit, es dedueix que quan el raig arriba al punt B, ha de reflectir des del punt B, i començar a moure's en sentit contrari, al punt A. Albert Einstein no va explicar com es reflecteix un feix de llum. Einstein no va mostrar una manera específica en què la llum es reflectís i comencés a moure's d'un punt B a un altre A.

Tots sabem que la manera més fàcil de reflectir la llum és a través d'un mirall.

Per exemple, a l'article de G. B. Malinin ("Sobre les possibilitats de la prova experimental del segon postulat de la teoria especial de la relativitat" Uspekhi fiziziknih Nauk, 2004, volum 174.) s'escriu que la reflexió de la llum la porta a terme un mirall.

Per tant, també decidim utilitzar un mirall. Per a això, col·loquem un mirall en el punt B. La superfície reflectant del mirall es dirigeix cap al punt A.

Per deixar-ho ben clar, vegeu la figura 1.

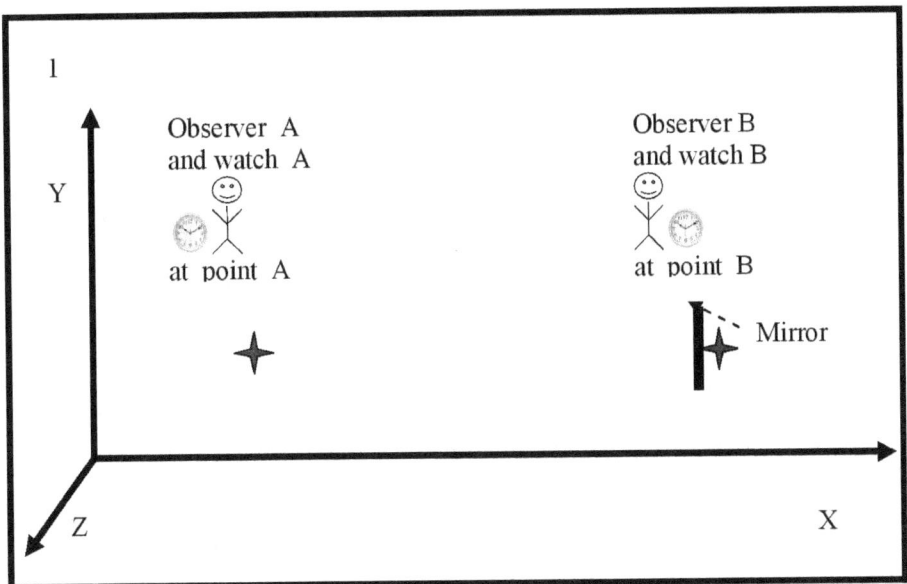

La figura 1 mostra:

Sistema de coordenades XYZ.

Un punt A on es troba un observador A que disposa d'un rellotge A.

Un punt B on es troba un observador B que disposa d'un rellotge B. Un mirall es col·loca davant del punt B, que pot reflectir un feix de llum.

punt A i el punt B estan marcats amb el símbol "✦".

Els rellotges al punt A i al punt B són els mateixos. Quan els rellotges són els mateixos, se suposa que mesuren el mateix temps.

observador A no sap com es mouen les agulles del rellotge

d'un observador B.

Per contra, un observador B no sap com es mouen les agulles del rellotge d'un observador A. Els rellotges han d'estar sincronitzats.

Albert Einstein va proposar sincronitzar el moviment de les agulles dels dos rellotges mitjançant un feix de llum. El mètode d'Albert Einstein diu que un observador A envia un feix de llum a un observador B. Es pot utilitzar un làser.

Vegeu la figura 2.

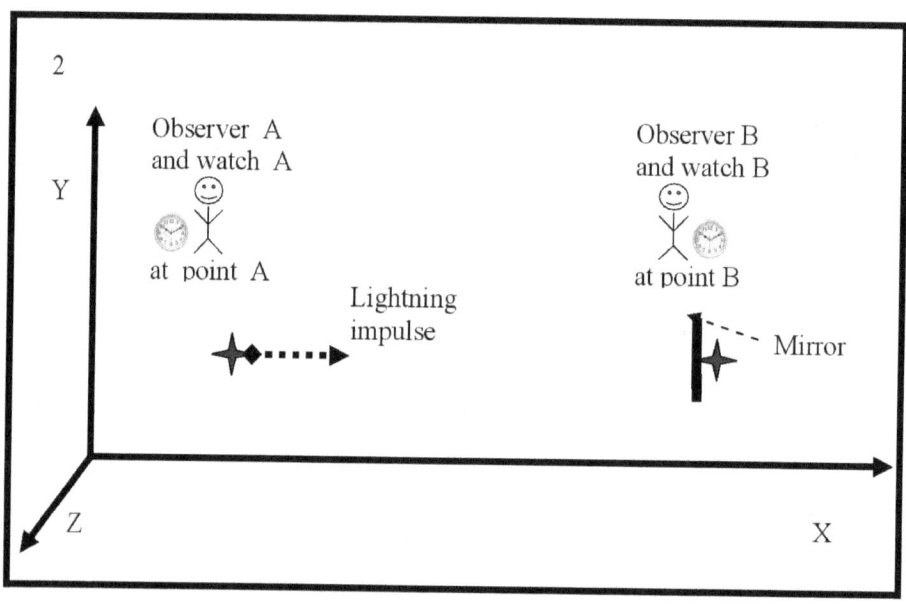

La figura 2 mostra un pols de llum làser.

Un pols de llum té un principi i un final. L'aparició de l'inici del pols de llum és un esdeveniment que passa en un moment en el temps t_A. L'observador A determina el moment en el temps t_A mitjançant el seu rellotge, que es troba a les proximitats immediates d'un punt A. L'observador en un moment A recorda que l'esdeveniment "l'aparició de l'inici del pols de llum" es va produir en un moment determinat t_A.

El pols de llum comença a moure's cap a l'observador que es troba en el punt B.

Vegeu la figura 3.

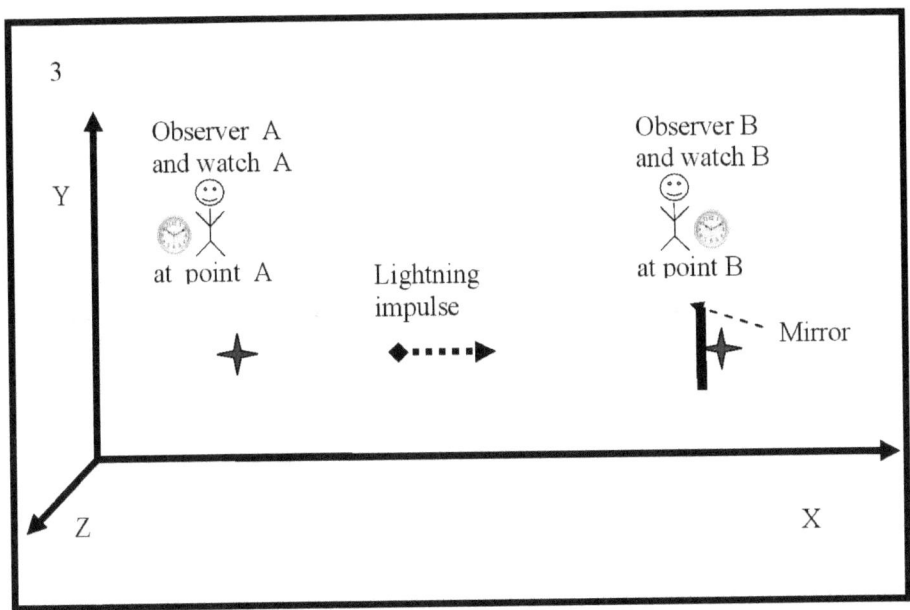

La figura 3 mostra que el pols de llum es troba entre el punt A i el punt B.

L'observador que es troba al punt A, no pot observar el moviment del feix de llum. Però, l'observador que es troba al punt A, sap (té informació) que el raig de llum es mou cap a l'observador situat al punt B, i que el raig de llum es reflectirà des del mirall (que es troba al punt B), i tornarà enrere. apuntar A.

L'observador al punt A, mira atentament les lectures del seu rellotge, i espera el retorn del feix de llum, de nou al punt A.

El pols de llum arriba al punt B.

Vegeu la figura 4.

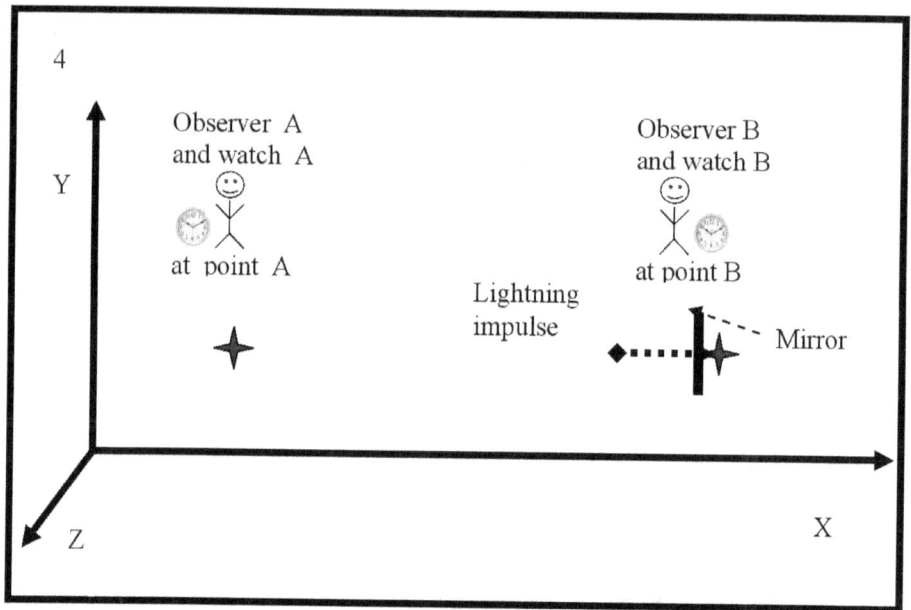

La figura 4 mostra que l'observador en un punt B nota l'arribada del pols de llum i el veu reflectit pel mirall. L'arribada del feix de llum en un punt B i la reflexió del feix de llum del mirall són dos esdeveniments que ocorren al mateix moment en el temps t_B.

Vegeu la figura 5.

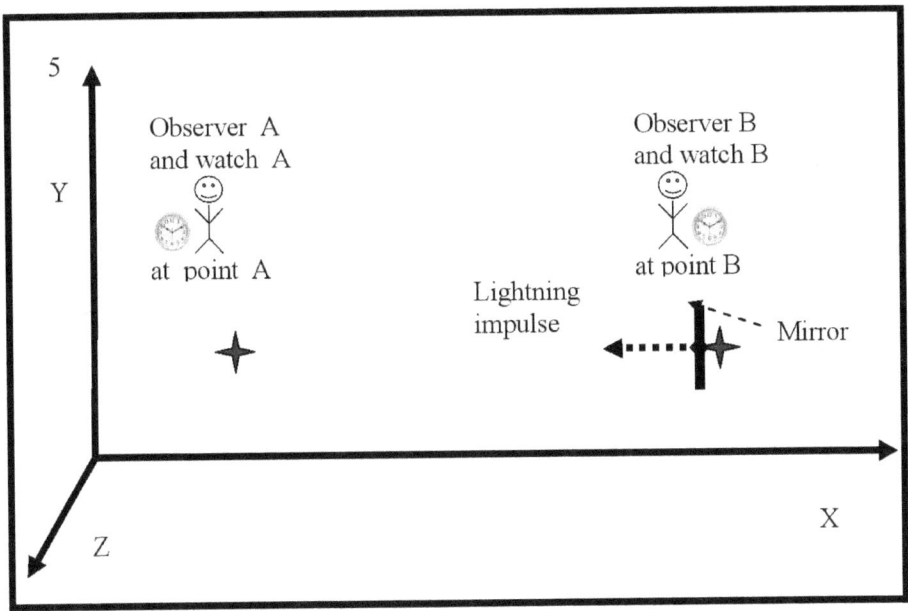

La figura 5 mostra l'arribada i la reflexió del pols de llum. L'observador en un moment B assenyala que aquests dos esdeveniments, l'arribada i la reflexió, es produeixen al mateix instant en el temps t_B. El moment del temps t_B, és registrat per les lectures de les agulles del rellotge, de l'observador en el punt B. L'observador, que es troba al punt B, recorda que l'arribada i la reflexió del feix de llum es produeix en un moment en el temps t_B.

El pols de llum es reflecteix pel mirall i torna a un punt A on es troba l'observador A.

Vegeu la figura 6.

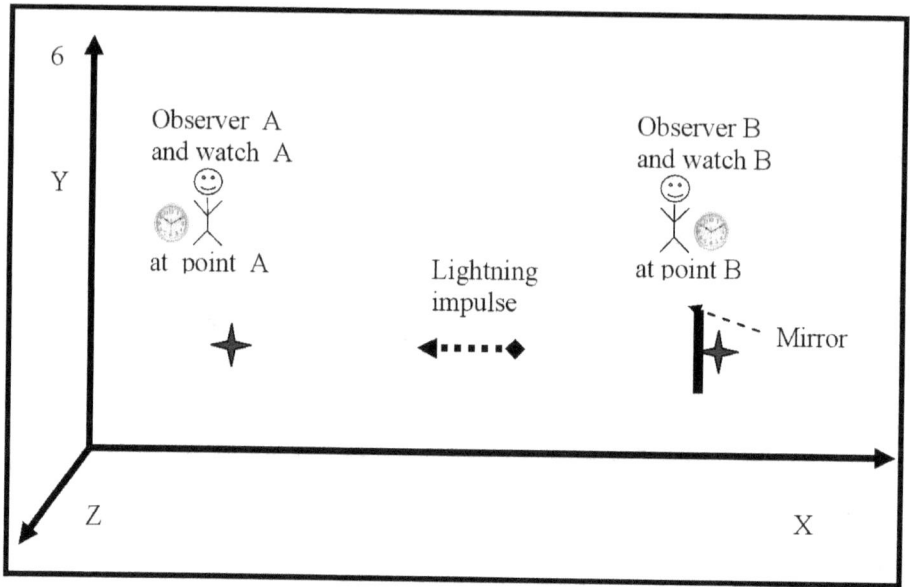

La figura 6 mostra que el pols de llum es troba entre el punt A i el punt B. L'observador al punt A, i l'observador al punt B, no poden observar el moviment del pols de llum, però saben que el pols es mou d'un punt B a un altre. A

El pols de llum arriba al punt A.

Vegeu la figura 7.

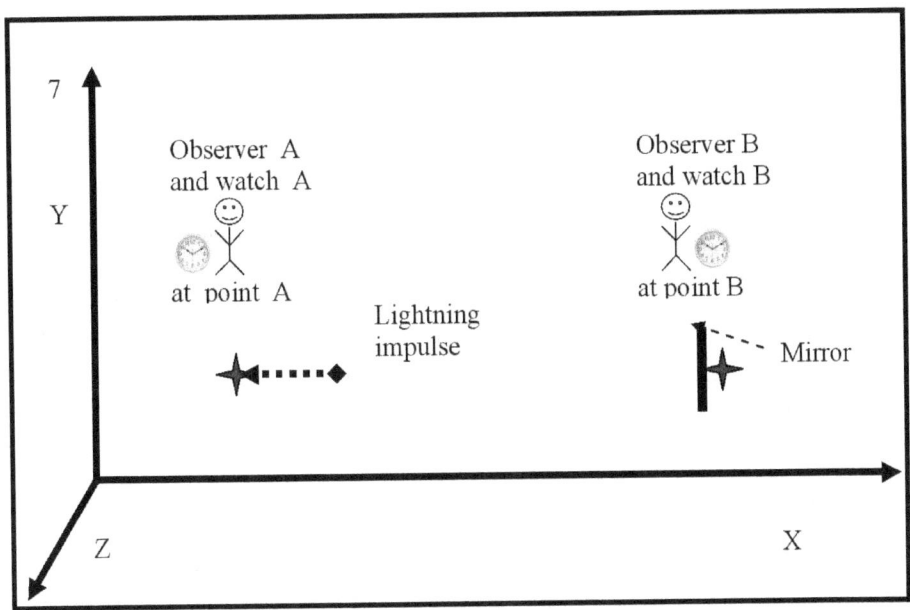

La figura 7 mostra que l'arribada del pols al punt A, és un esdeveniment que passa. L'observador A assenyala que l'arribada del pols de llum es produeix en un moment en el temps t'_A. La mesura del moment del temps t'_A es realitza mitjançant les lectures del rellotge, que es troba al punt A. L'observador en un punt A recorda l'instant de temps t'_A, perquè l'instant de temps t'_A, és necessari per sincronitzar els dos rellotges.

Després de realitzar l'experiment mental, sorgeixen quatre resultats importants.

Primer resultat important:

L'observador en un punt A coneix **el** valor numèric del moment t_A en què el pols de llum va sortir del punt A i **coneix** el valor numèric del moment t'_A en què el pols de llum va tornar al punt A.

Un segon resultat important:

L'observador en un punt A no **coneix** el valor numèric de l'instant de temps t_B en què el pols de llum va arribar al punt B.

Un tercer resultat important:

L'observador en el punt B **sap** que el pols de llum ha arribat en un punt B, en un moment en el temps t_B, registrat per un rellotge B.

Quart resultat important:

L'observador en un punt B no **coneix** el valor numèric de l'instant de temps t_A en què el pols de llum va sortir del punt A, i **no coneix** el valor numèric de l'instant de temps t'_A en què el pols de llum va tornar al punt A.

Perquè els dos rellotges es sincronitzin segons, s'ha de complir la condició:

$$t_B - t_A = t'_A - t_B$$

Per escriure l'expressió matemàtica, almenys un dels dos observadors, ja sigui l'observador situat al punt A, o l'observador situat al punt B, ha de **saber els tres valors numèrics,** en els moments de temps t_A, t_B i t'_A.

Malauradament, cap dels dos observadors, el primer situat al punt A, i el segon situat al punt B, **no coneix els tres valors numèrics** dels instants de temps t_A, t_B i t'_A.

Vegeu la figura 8.

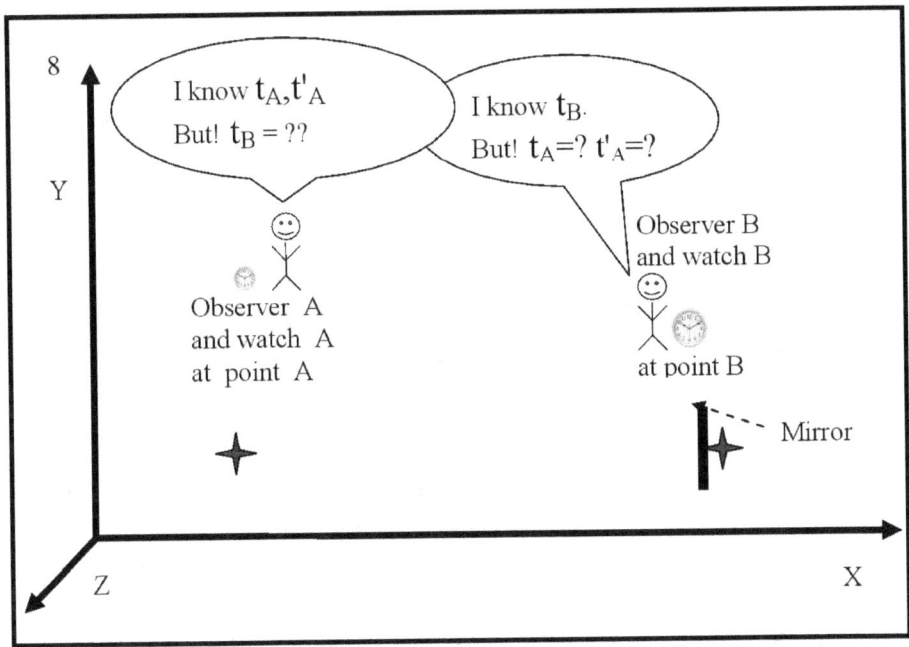

La figura 8 mostra que cap dels observadors, el primer situat al punt A, i el segon situat al punt B, pot escriure l'expressió matemàtica

$$t_B - t_A = t'_A - t_B$$

pel qual es determinen els intervals de temps.

Com que l'expressió matemàtica no es pot escriure, es dedueix que els observadors no poden calcular els dos intervals de temps. Si els observadors no poden calcular els dos intervals de temps, no poden sincronitzar els dos rellotges.

Vam fer una anàlisi, i el resultat de l'anàlisi és que Albert Einstein va cometre un terrible error i el seu mètode per demostrar el funcionament sincrònic de dos rellotges era equivocat.

Es planteja la pregunta: Albert Einstein realment es va equivocar? Potser nosaltres, en la nostra anàlisi, hem confós alguna cosa?

La nostra anàlisi i la conclusió que vam fer són correctes. Si el mètode d'Albert Einstein utilitzava un mirall per reflectir el pols de llum, els rellotges no es podrien sincronitzar.

El problema és que Albert Einstein no va explicar detalladament, en detall, com és el mental un experiment. Els detalls són molt importants a l'hora de fer un experiment mental, però malauradament Albert Einstein no va prestar atenció a aquest fet.

En aquesta situació, hem de pensar i considerar què volia dir Albert Einstein. Quan entenem la idea d'Albert Einstein, hem de canviar la manera, el mètode de sincronització dels dos rellotges, i tornar a analitzar els resultats.

Ja hem entès que l'observador situat en el punt A, sap t_A, i t'_A, però no coneix l'instant de temps t_B, i no pot calcular els dos intervals de temps i demostrar que són iguals.

Sorgeix la pregunta: com A entendrà l'observador en el punt, el valor numèric del moment t_B?

L'observador A pot entendre el valor numèric del moment de veme t_B, del rellotge situat en un punt B, observant directament la cara del rellotge situat en un punt B. Potser aquesta va ser la idea d'Albert Einstein? Si és així, el feix de llum enviat des de l'observador A a l'observador B ha d'il·luminar la cara del rellotge situada al punt B, i ser reflectit per la cara del rellotge B. La llum que es reflecteix per la cara d'un rellotge B tornarà a un observador A, i l'observador A veurà les agulles d'un rellotge B. Aleshores, en el punt B, no hi ha d'haver cap mirall. El rellotge d'observador s'ha de col·locar en lloc del mirall B.

Ara mostrarem, a través de diverses figures, en detall i en detall, pas a pas, l'essència del nou experiment mental.

Vegeu la figura 9.

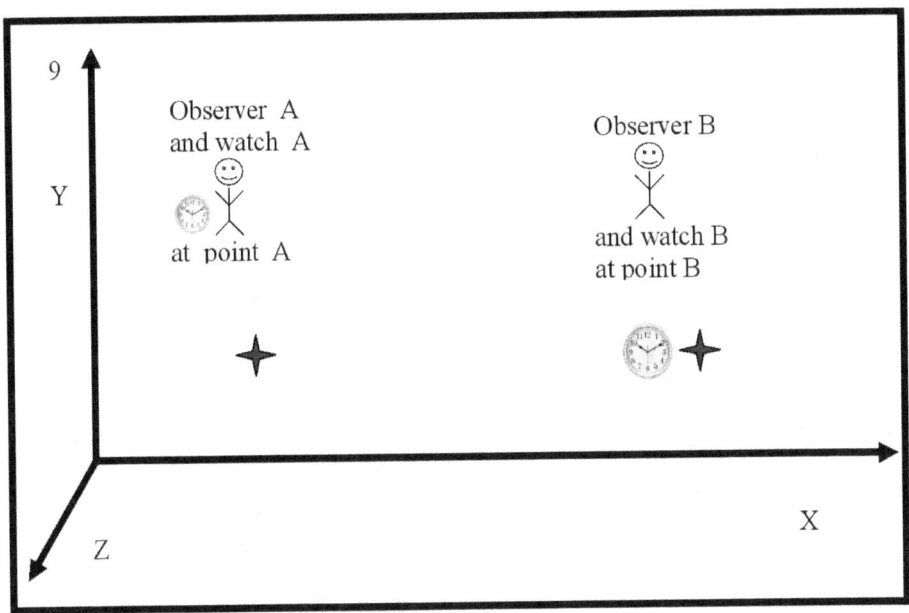

A la figura 9 es mostren els dos observadors. El primer observador es troba a les proximitats del punt A. Al costat de l'observador hi ha un rellotge A. El segon observador es troba a les proximitats del punt B. El rellotge d' B observador es troba davant d'un punt B. El rellotge de l'observador B es troba al lloc del mirall. La cara del rellotge B està dirigida cap a un observador A. Quan el dial d'un rellotge B apunta a un punt A, el pols de llum il·luminarà el dial i reflectirà cap a l'observador A.

El nou experiment es porta a terme d'una manera diferent. Les condicions inicials són diferents. La principal diferència és que l'observador situat en un punt A, ha de veure la col·locació de les agulles del rellotge que es col·loca en el punt B. Això passarà quan l'inici del feix de llum arribi a un rellotge B, il·lumini la cara d'un rellotge B i es reflecteixi cap a un observador A, i arribi a un observador A.

En el moment de la il·luminació, les fletxes mostraran el valor numèric del moment en el temps t_B.

Sorgeix la pregunta: com es pot fer perquè un observador A pugui veure el moment exacte d'il·luminació del dial d'un rellotge

B?

La resposta és fàcil. Això vol dir que l'experiment s'ha de dur a terme a les fosques. Per tant, quan fem l'experiment mental, "apaguem els llums".

Vegeu la figura 10.

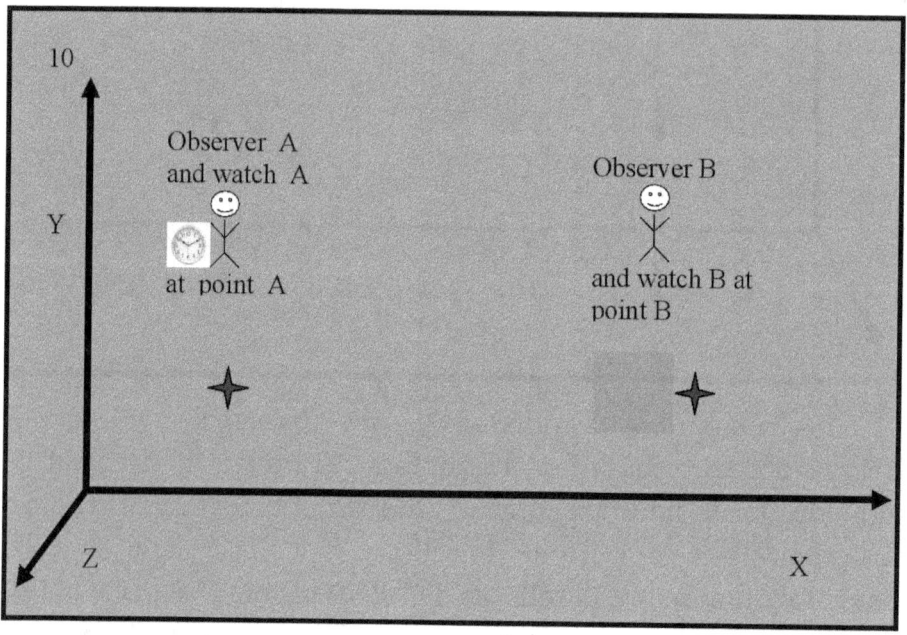

La figura 10 mostra que l'observador situat al punt A, veu les agulles del seu rellotge A, que està lleugerament il·luminat, però no veu les agulles del rellotge situat al punt B, perquè és fosc.

L'observador situat en un punt B no veu les agulles del seu rellotge B.

Un observador A envia un raig de llum a un observador B.
Veure figura 11.

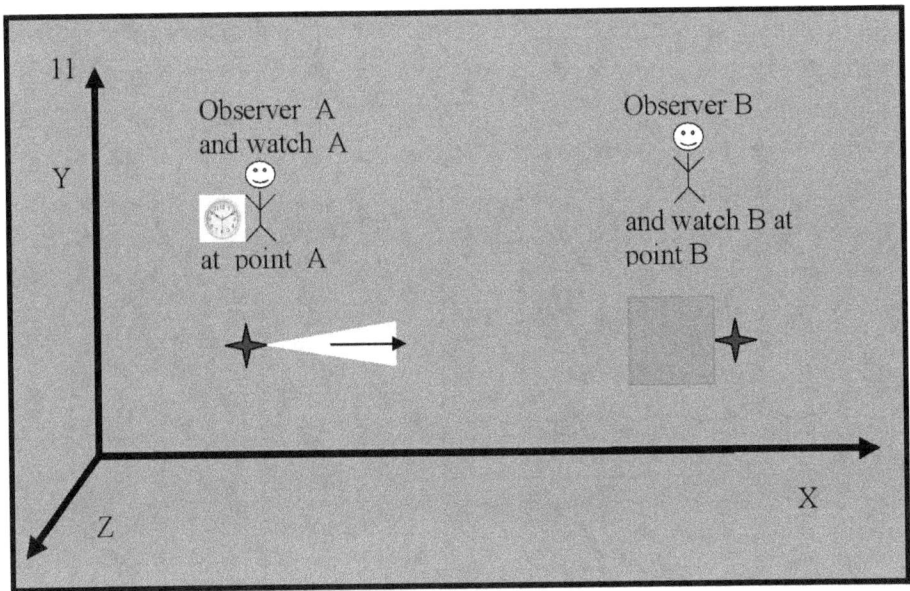

La figura 11 mostra que la font del pols de llum prové d'una llanterna que apunta al rellotge B.

Hem de recordar que quan es va dur a terme el primer experiment de pensament, la font del pols de llum era un làser. La diferència entre el pols de llum d'un làser i el pols de llum d'una llanterna és un factor molt important.

L'inici del raig làser es reflecteix al mirall i rebota. L'inici del raig làser no porta informació sobre la lectura del rellotge en el punt B. L'inici del feix de llum de la llanterna, quan es reflecteix per un rellotge B, porta informació sobre les lectures del rellotge en el punt B.

Veurem que és aquesta diferència, entre la llum del làser i la llum de la llanterna, la que canvia el mètode de sincronització dels dos rellotges.

L'aparició del pols de llum és un esdeveniment que ocorre en un moment determinat t_A. L'observador A determina el moment en el temps a t_A través del seu rellotge, que es troba a les proximitats del punt A. L'observador al punt A, recorda que l'esdeveniment "l'aparició de l'inici del pols de llum" va passar en un moment en el temps t_A.

El raig de llum comença a moure's cap a l'observador, que es troba al punt B. L'origen del raig de llum es troba entre el punt A i el punt B.

Vegeu la figura.12.

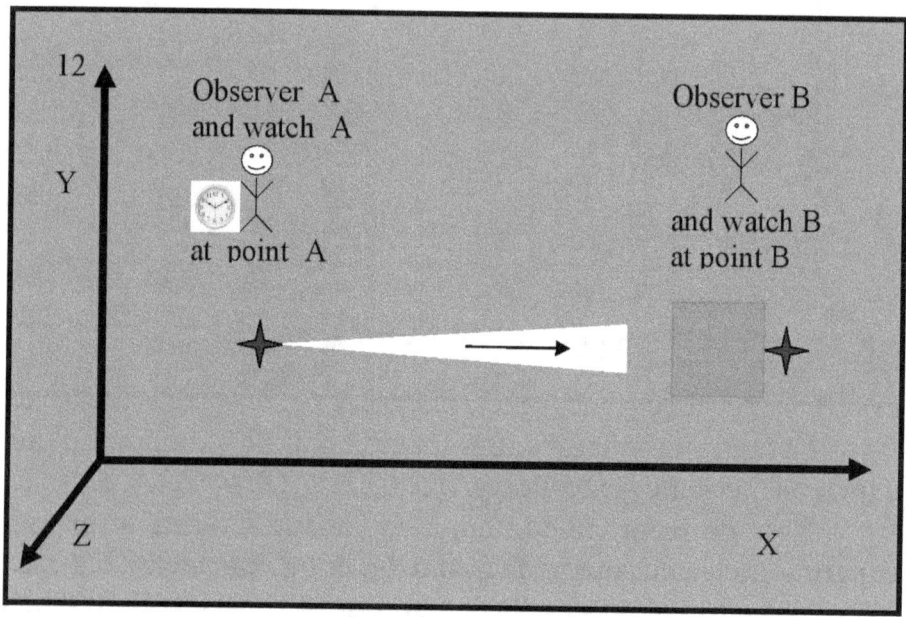

La figura 12 mostra que l'observador en el punt A, no pot observar el moviment de l'origen del feix de llum. Però l'observador, que es troba en el punt A, té informació que l'inici del raig de llum es desplaça cap a l'observador situat en el punt B i que el començament del raig de llum serà reflectit per la cara del rellotge situat en el punt B i que aquest tornarà al punt A.

L'inici del feix de llum arriba al punt B, i il·lumina la cara del rellotge, que es col·loca davant del punt B.

Vegeu la figura 13

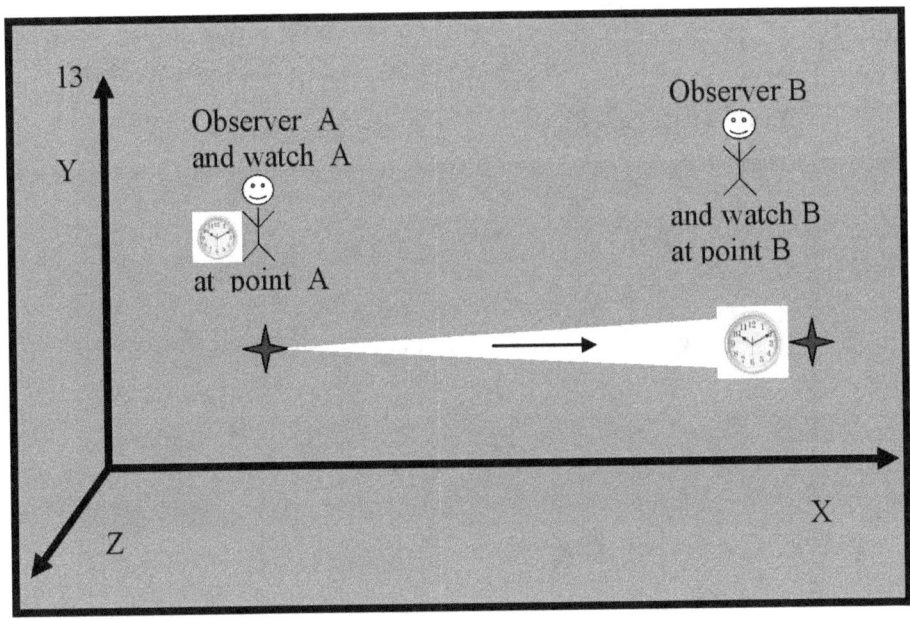

La figura 13 mostra que quan la vora davantera del feix de llum il·lumina la cara del rellotge B, l'observador en el punt B, veurà la cara del rellotge B. L'observador situat en un punt B veurà la col·locació de les agulles del rellotge B. Les fletxes mostraran el moment del temps t_B.

L'arribada del feix de llum al punt B, la il·luminació de la cara del rellotge i la reflexió del feix de llum del rellotge són tres esdeveniments que ocorren al mateix moment en el temps t_B. L'observador en un moment B assenyala que aquests tres esdeveniments, és a dir, l'arribada, la il·luminació i la reflexió, ocorren al mateix moment en el temps t_B. L'observador que es troba en un punt B recorda que l'arribada, la il·luminació i la reflexió del feix de llum es produeixen en un moment en el temps t_B.

És molt important entendre i recordar que quan l'observador situat en un punt B veu les agulles del rellotge il·luminat situat en un punt B que indica el moment t_B, en aquest mateix moment l' t_B observador situat en un punt A no veu les agulles del rellotge situat. en un punt B. El vigilant A mira el rellotge B, però veu la foscor. Això es deu al fet que el feix de llum que reflecteix el rellotge B encara no ha arribat a l'observador A.

Vegeu la figura 14.

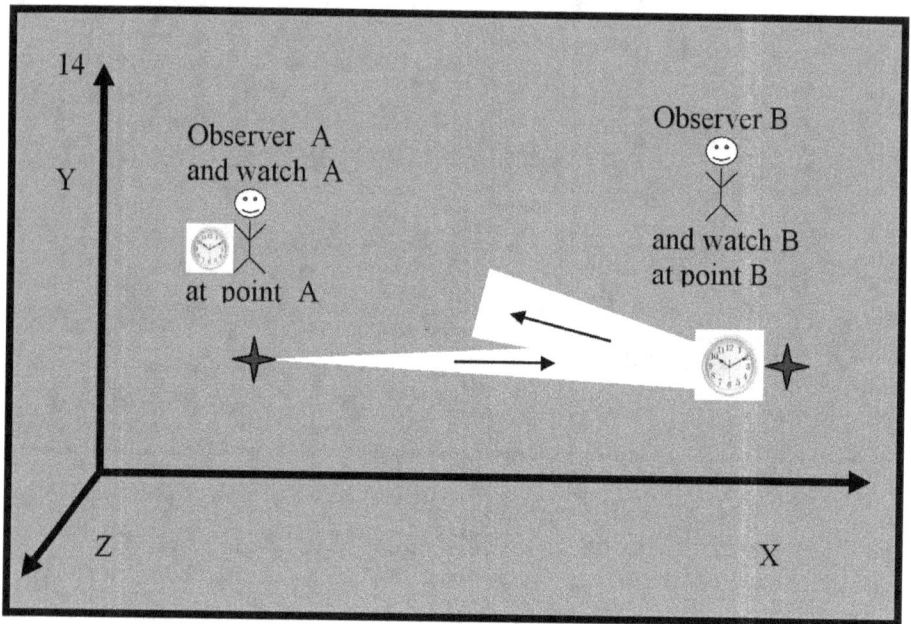

La figura 14 mostra que l'origen del feix de llum es troba entre els dos observadors.

Quan el feix reflectit arriba a un observador A, només llavors veurà la il·luminació del rellotge en un punt B.

Una vegada més diré que la reflexió del feix de llum del dial del rellotge situat al punt B, és un element molt important de l'experiment que estem duent a terme. La reflexió d'un feix de llum d'una esfera de rellotge és fonamentalment diferent en comparació amb la reflexió d'un raig làser d'un mirall.

Això es deu al fet que, després de la reflexió de la cara del rellotge B, l'inici del feix de llum porta la imatge de llum de la cara del rellotge il·luminada situada en el punt B.

Vegeu la figura 15.

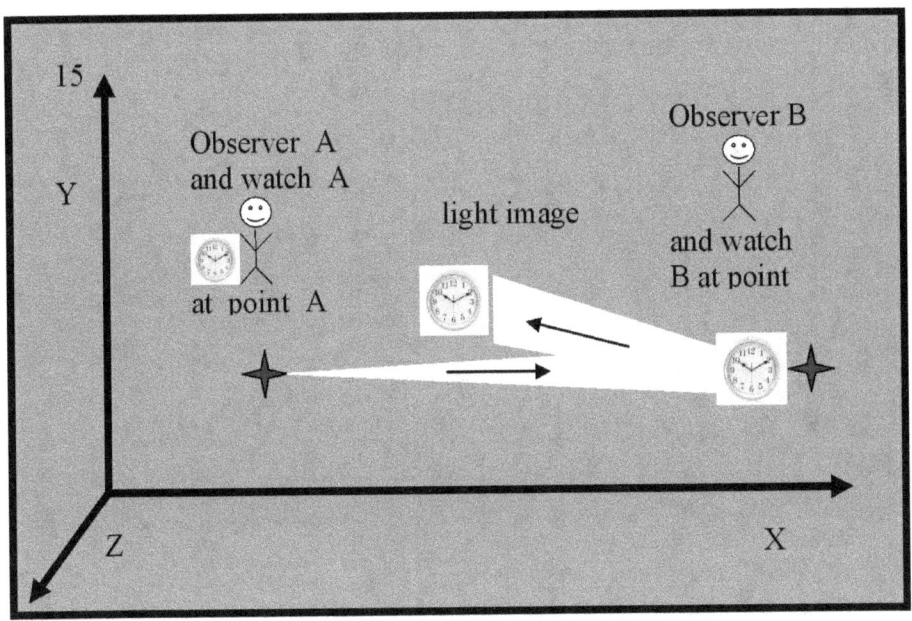

La figura 15 mostra que l'inici del feix de llum ha "recordat" com es col·loquen les agulles del rellotge en el punt B. Aquesta és la principal diferència entre els dos experiments de pensament que estem analitzant. En el primer experiment, el pols de llum era d'un làser que es reflectia en un mirall i no portava una imatge de llum. El pols de llum làser reflectit és una simple erupció de llum.

Aquest fet és molt important, per això s'ha d'entendre i recordar que en el segon experiment, l'inici d'un feix de llum porta *informació* sobre la ubicació de les agulles del rellotge situades en el punt B. Aquesta és *informació* sobre el valor quantitatiu i numèric d'un moment en el temps t_B.

El pols de llum es troba entre el punt A i el punt B. L'observador en el punt A, i l'observador en el punt B, no poden observar el moviment del pols de llum, però saben que el pols es mou d'un punt B a un altre A i que porta la imatge lluminosa de la cara del rellotge il·luminada situada en el punt B.

Vegeu la figura 16.

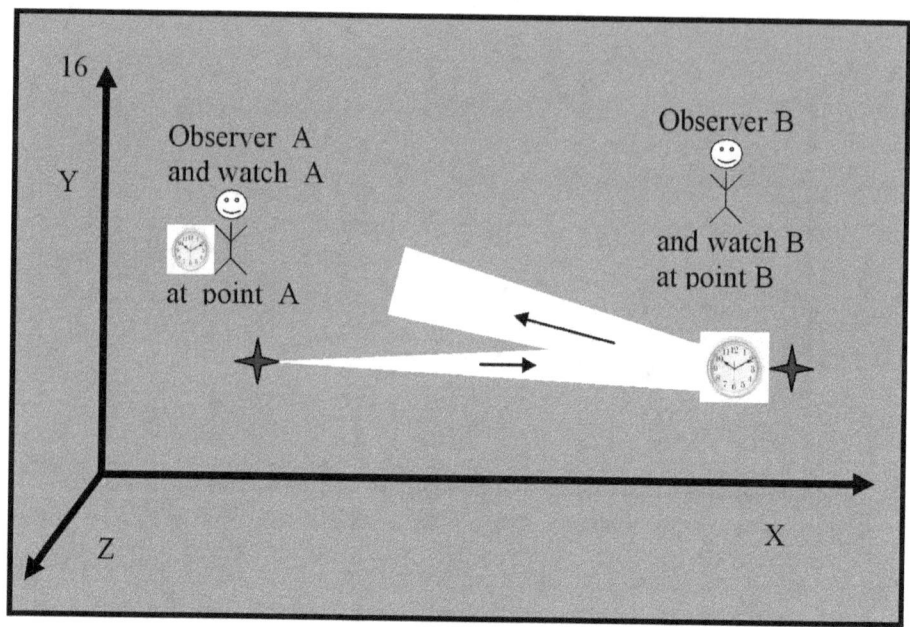

A la figura 16, no es mostra la imatge lluminosa de la cara del rellotge il·luminada situada en el punt , B sinó observadors i sabem que hi és.

El pols de llum arriba al punt A.
Vegeu la figura 17.

EL PRIMER ERROR D'EINSTEIN

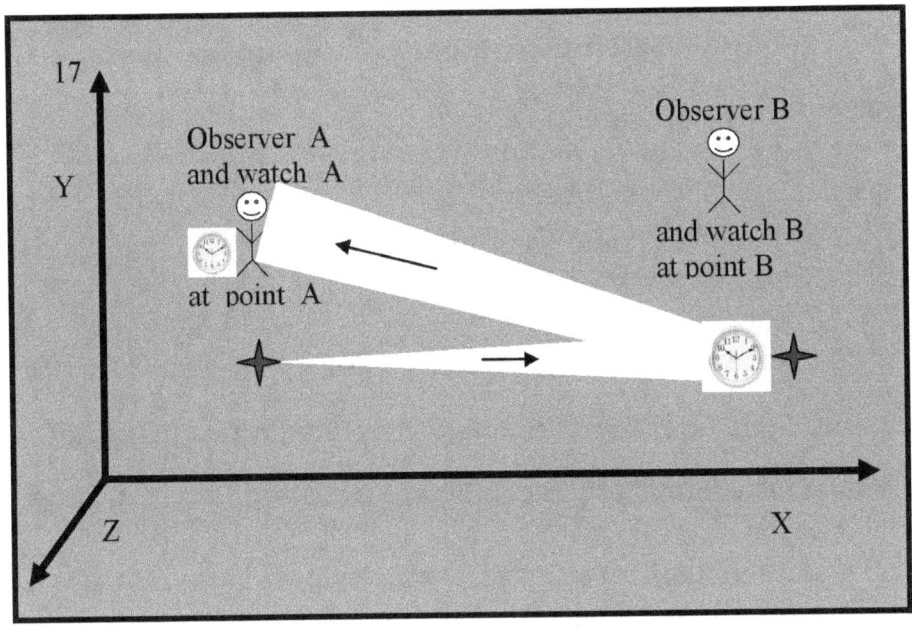

La figura 17 mostra que quan el pols de llum arriba a un observador A, aquest veurà la imatge de llum de la cara del rellotge situada en un punt B. El començament del pols de llum indica la posició de les agulles del rellotge en el punt B. La posició de les agulles en un rellotge B indica el moment en el temps t_B. Quan l'observador situat en el punt A, veu la posició de les agulles d'un rellotge B, acceptarà **informació** sobre el valor quantitatiu, que és el valor numèric de l'instant de temps t_B.

Això està passant ara mateix t'_A. L'aficionat A apunta que l'arribada del pols de llum, i la recepció de la informació, es produeix al moment t'_A. La mesura del moment en el temps t'_A es compta amb les lectures del rellotge, que es troba al punt A. L'observador en el punt A recorda el moment en el temps t'_A perquè el moment t'_A és necessari per poder sincronitzar els dos rellotges

El que hem dit és molt important. Cal entendre i recordar que:

En un moment determinat t'_A, un observador A rep informació de temps t_B.

L'experiment mental de sincronitzar els dos rellotges s'ha completat. Després de realitzar l'experiment mental, l'observador A i l'observador B reben els resultats següents:

Resultats de l'observador B:

Primer.

L'observador en un punt B sap que el pols de llum va arribar al punt B, en un instant de temps t_B, i es reflecteix pel mirall en un instant de temps t_B, registrat pel seu rellotge.

Segon.

L'observador en un punt B no coneix el valor numèric de l'instant de temps t_A en què el pols de llum va sortir del punt A, i no coneix el valor numèric de l'instant de temps t'_A en què el pols de llum va tornar al punt A. Perquè els dos rellotges es sincronitzin (segons Albert Einstein), s'ha de complir la condició:

$$t_B - t_A = t'_A - t_B$$

Per escriure l'expressió matemàtica, l'observador situat en el punt B, ha de conèixer els tres valors numèrics dels moments de temps t_A, t_B i t'_A.

Un observador B no coneix els tres valors numèrics dels instants de t_A temps t_B i t'_A. Per tant, un observador B no pot sincronitzar els dos rellotges.

Resultats de l'observador A:

L'observador en un punt A coneix el valor numèric del temps t_A en què el pols de llum va sortir del punt A.

L'observador en un punt A coneix el valor numèric de l'instant de temps t_B en què el pols de llum va arribar al punt B.

L'observador en un punt A coneix el valor numèric del temps t'_A en què el pols de llum va tornar al punt A.

Albert Einstein va dir que perquè els dos rellotges es sincronitzin, s'ha de complir la condició:

$$t_B - t_A = t'_A - t_B$$

Un observador A coneix els tres valors numèrics dels instants de t_A temps t_B i t'_A.

L'observador A escriu l'equació, la resol i, segons Albert Einstein, n'hi ha prou, i els rellotges estan sincronitzats. L'experiment que estem realitzant ha finalitzat amb èxit.

És realment així?

La resposta a aquesta pregunta és: No!

La conclusió que l'experiment es va completar amb èxit no és certa. Ara mostrarem que els rellotges poden no estar sincronitzats.

Segons el mètode d'Albert Einstein, l'instant de temps t_B, ha d'estar al mig de l'interval, entre t_A i t'_A, i aleshores es sincronitzen els rellotges. Recordem l'experiment amb els nombres específics dels moments de temps:

De vuit a deu són les dues, i les deu a les dotze són les dues. Les deu són al mig de l'interval de les vuit a les dotze, i després els rellotges estan sincronitzats. Per Albert Einstein, això és el més important.

Però, afirmem que:

Les deu poden **estar a** la meitat de l'interval, i els rellotges **no estan** sincronitzats.

I això:

deu **no estiguin** al mig de l'interval i els rellotges **estan** sincronitzats.

Què és aquest misteri, i com és possible?!

És possible perquè hem oblidat un fet molt important:

En un moment determinat t'_A**, un observador** A **rep**

informació sobre el moment t_B d' un altre rellotge.

Obtenir **informació** de l' hora d' t_B un altre rellotge canvia tot el mètode de sincronització.

Escriurem l'exemple numèric una vegada més.

El pols de llum comença a les vuit, **segons els dos rellotges**, arriba a les deu, **segons els dos rellotges,** i torna a les dotze, **segons els dos rellotges**.

El més important es concentra en el terme " **segons els dos rellotges** ".

Això vol dir que un observador, A o un observador B, ha de **veure una coincidència de l'ocurrència dels esdeveniments**. Hi ha tres partits.

Primer partit:

Coincidència de l'esdeveniment, ocorregut en el moment de les vuit segons A, amb l'esdeveniment, ocorregut en el moment de les vuit segons B.

Segon partit:

Coincidència de l'esdeveniment, ocorregut en un moment de les deu segons A, amb l'esdeveniment, ocorregut en un moment de les deu segons B.

Tercer partit:

Coincidència de l'esdeveniment, ocorregut en un moment de les dotze segons A, amb l'esdeveniment que ocorre en un moment de les dotze segons B.

Si un observador, A o observador B, no pot veure les tres coincidències dels esdeveniments, els rellotges no es poden sincronitzar.

Afirmem que:

Quan un observador A, o un observador B, rep **informació** sobre l'ocurrència d'un esdeveniment, aleshores l'observador no pot observar la **coincidència** de l'ocurrència d'aquest esdeveniment amb l'ocurrència d'un altre esdeveniment.

La coincidència de passar només és possible i només amb **"directe" seguiment**. Aquí sorgeix una pregunta molt important: què vol dir **l'observació directa**? Einstein no es va fer aquesta pregunta i no va analitzar el fenomen de **"l'observació directa"**. L'anàlisi és necessària, sobretot quan es tracta de la ciència de la mecànica quàntica, on els moments del temps estan molt a prop els uns dels altres, i els intervals de temps són molt petits.

En resum, l'observador no pot sincronitzar els dos rellotges.

Ara tornarem a dur a terme l'experiment, amb cura, sense presses, i farem una anàlisi detallada.

Per aclarir-ho, vegeu la figura 18.

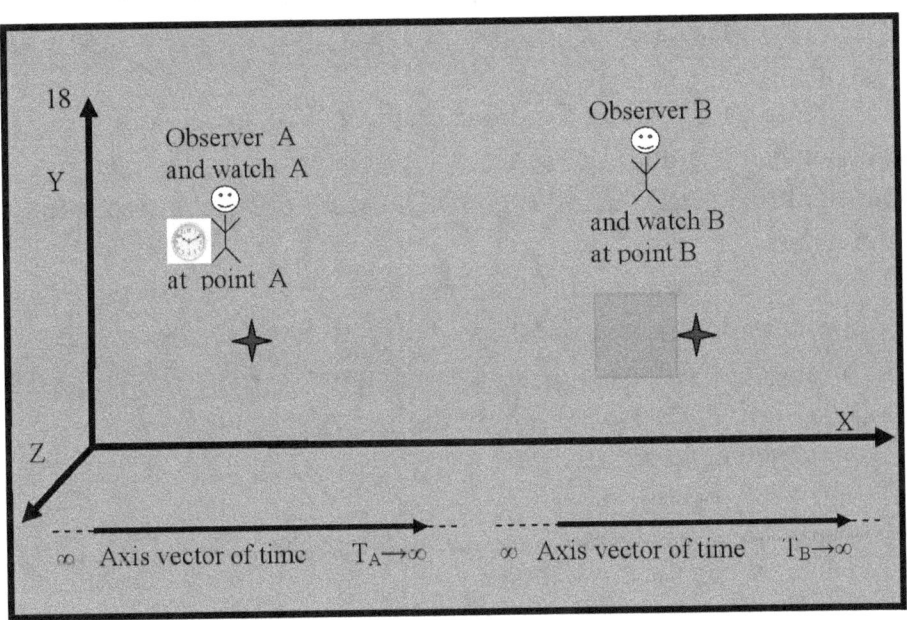

A la figura 18, es mostra un observador A que veu un rellotge A però no veu un rellotge B perquè el rellotge B no està il·luminat. Un observador B situat al punt B, que no veu un rellotge B perquè el rellotge B no està il·luminat.

A la part inferior de la figura es mostren dos vectors. Són eixos de coordenades del temps. L'eix de temps esquerre mostrat segons la figura mostra com canvia l'hora del rellotge A, el dret mostra com canvia l'hora del rellotge B. Els dos eixos del temps van començar el seu inici, en un passat llunyà infinit, i seguiran creixent, en un futur llunyà infinit. Els dos eixos del temps són independents entre si perquè són de dos rellotges independents, rellotge A i rellotge B. En els eixos, marcarem els instants de temps de rellotge A i rellotge B.

D'aquesta manera, compararem els moments de temps entre observador A i observador B. Podrem entendre quin moment en el temps veu un observador A quan un observador B mira el seu rellotge i, a la inversa, quin moment veu un observador B quan un observador A veu el seu rellotge.

Un observador A envia un raig de llum a un observador B.

La font del feix de llum prové d'una llanterna, que està dirigida al rellotge situat al punt B.

L'aparició de l'inici del feix de llum és un esdeveniment que passa en un moment determinat t_A. L'observador A determina el moment del temps t_A mitjançant el seu rellotge, que es troba molt a prop del punt A.

El valor numèric de l'instant de temps t_A, es mostra a l'eix de coordenades del vector temps, d'un rellotge A. L'observador en un moment A recorda que l'esdeveniment "l'aparició de l'inici del pols de llum" es va produir en un moment determinat t_A.

Vegeu la figura 19.

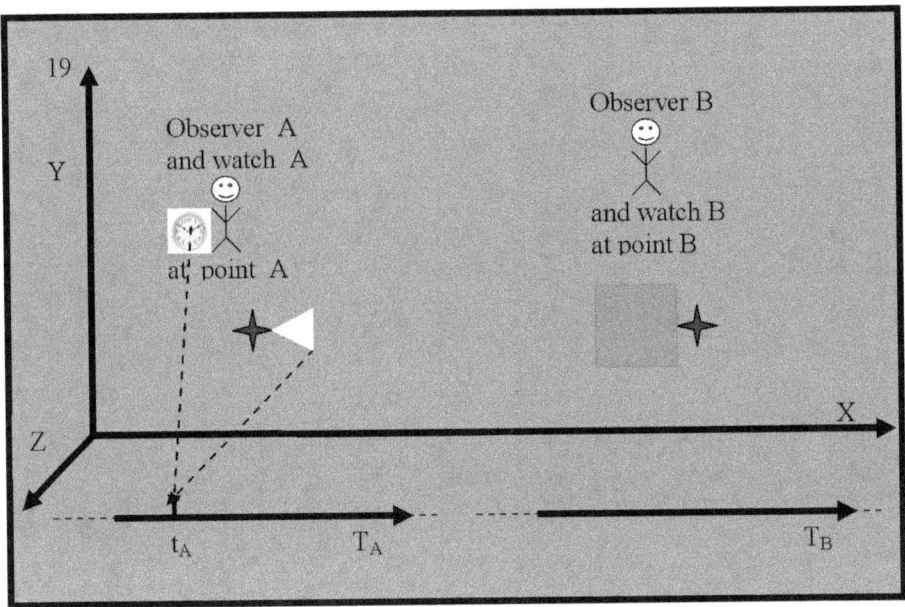

A la figura 19, són visibles dues fletxes discontínues, que apunten a l'instant de temps t_A. La primera fletxa és des del rellotge A fins a l'hora actual t_A. Aquesta és la lectura del rellotge A. La segona fletxa comença des de l'inici del raig de llum, i acaba a t_A i indica que el començament del raig de llum va aparèixer en el moment t_A.

Quan el rellotge d'un observador A mostra l'hora t_A, aleshores el rellotge de l'observador B mostrarà algun temps propi, que denotem amb el símbol t_{BA}.

Vegeu la figura 20

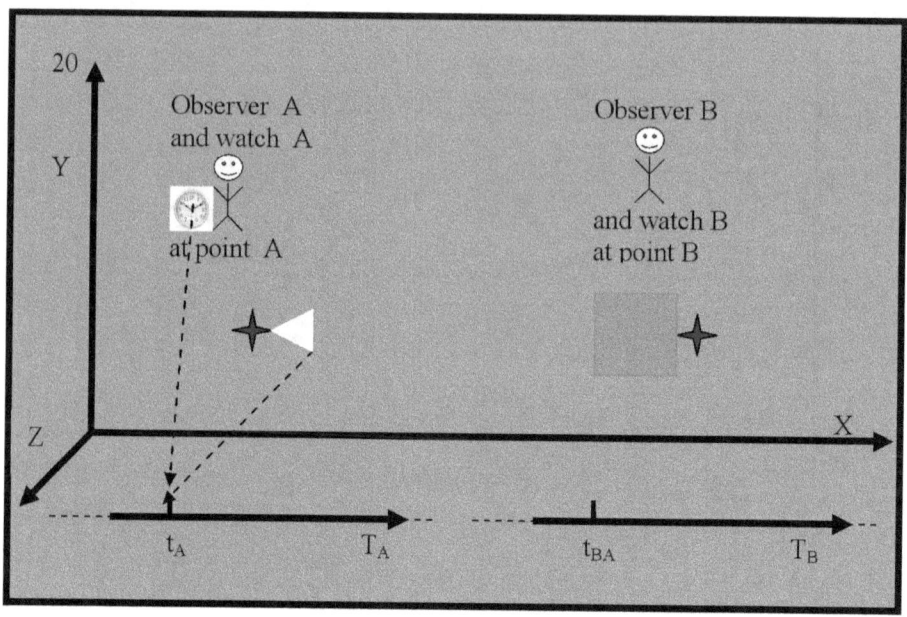

La figura 20 mostra l'instant de temps t_{BA}, que es troba al vector T_B, del rellotge B. Si suposem que el rellotge B i el rellotge A mesuren i mostren la mateixa hora, llavors l'instant de temps t_A ha de ser igual a l'instant de temps t_{BA}.

Sorgeixen dues preguntes.
La primera pregunta és:
Pot un observador A saber que l'instant de temps t_A mesurat pel seu rellotge A és igual a l'instant de temps t_{BA} mesurat per un rellotge B?

La resposta és no. Això es deu al fet que un observador A mira el rellotge B, però allà és fosc. És fosc perquè la cara del rellotge B no està il·luminada pel raig de llum. Quan el feix de llum arriba a un rellotge B, es reflecteix a la cara d'un rellotge B i torna a un observador A, només llavors l'observador A veurà l'instant de temps t_{BA} al rellotge B. Quan un observador A veu moment t_{BA} de l'hora del rellotge B, mirarà el seu rellotge i compararà t_{BA} l'hora del rellotge B amb l'hora del rellotge A. El seu rellotge A mostrarà una altra hora que no sigui igual a l'hora actual t_{BA}. Això es deu al fet que la llum viatja a una velocitat de tres-cents mil quilòmetres per segon i recorre la distància d'un punt B a A un altre en un interval de temps real. Aquest interval real és un retard que mostra el rellotge A.

Observador A, no pot observar l'ocurrència dels dos esdeveniments, no pot observar l'ocurrència dels instants de temps, no pot comparar els dos instants de temps t_A i t_{BA}, no pot observar una coincidència d'esdeveniments que es produeixen, i no pot afirmar de manera inequívoca que d'aquesta manera, ell, l'observador, sincronitza els dos rellotges.

La segona pregunta és:

Pot un observador B saber que t_A és igual a t_{BA}?

La resposta és no. Això és impossible perquè un observador B veu el rellotge d'un observador A lleugerament il·luminat, però no veu l'esdeveniment "s'allunya del feix de llum" des del punt A, perquè el començament del feix de llum encara es troba entre el punt A i el punt B.

L'inici del feix de llum i la lectura del rellotge A, durant l'instant de temps t t_A, es mouen junts.

Vegeu la figura 21.

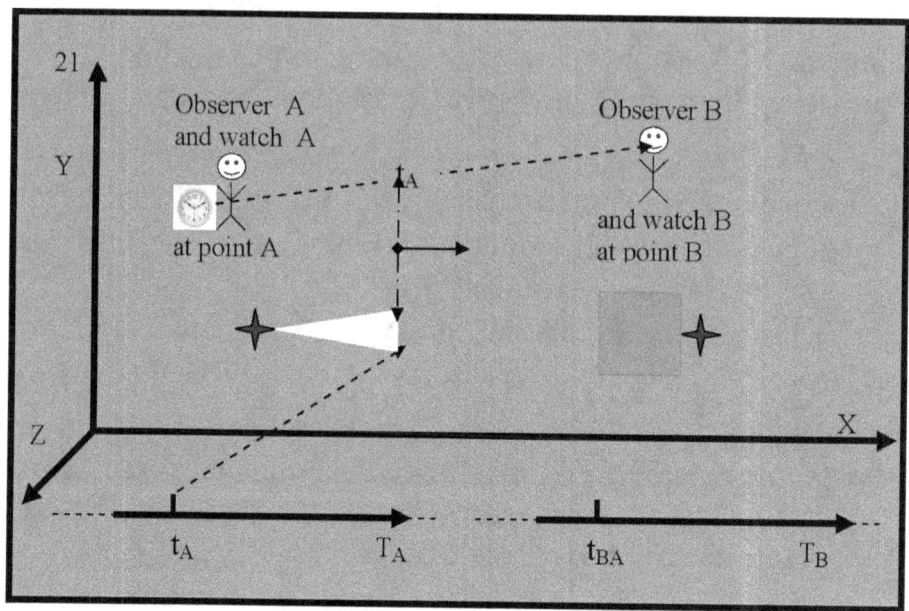

La figura 21 mostra que la imatge lleugera del rellotge A es mou sobre la fletxa discontínua que connecta el rellotge A amb l'observador B.

Un observador B veurà l'esdeveniment de "sortida del feix de llum" només quan l'inici del feix de llum arribi a un observador B i il·lumini una esfera de rellotge B.

L'important és que un observador B no pot veure la coincidència de l'esdeveniment "moment del temps t_A al rellotge A" amb l'esdeveniment "moment del temps t_{BA} al rellotge B".

L'observador B no pot dir si t_A és igual a t_{BA} i no pot determinar l'instant de temps t_{BA}.

El moment del temps t_{BA} no pot ser determinat pels dos observadors. Per tant, a les figures següents, l'instant de temps t_{BA} no es mostra al vector de temps del rellotge B.

En aquesta etapa de l'experiment, els observadors no poden sincronitzar els dos rellotges.

El pols de llum continua movent-se cap a l'observador que es troba en el punt B.

Vegeu la figura 22.

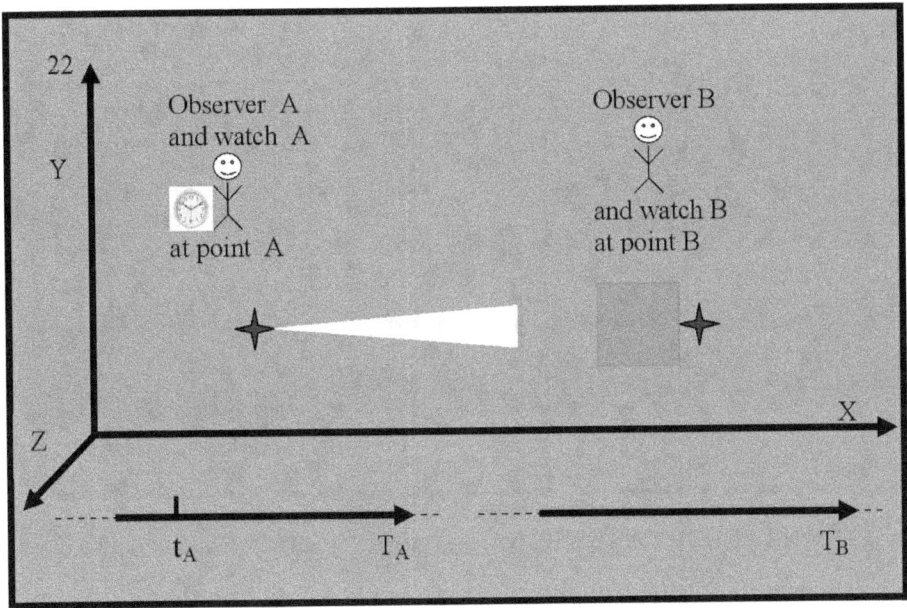

figura 22 mostra que l'origen del pols de llum es troba entre el punt A i el punt B. Un observador A i un observador B no poden observar el moviment del començament del pols de llum. Però, un observador B i un observador A saben que l'origen del pols de llum s'està movent cap al punt B. Tenen **informació** que el feix es mou.

L'inici del feix de llum arriba a un punt B i il·lumina la cara del rellotge B. L'observador al punt B, mira la cara del rellotge il·luminada i veu que, segons el seu rellotge, el valor numèric de l'instant de temps és t_B.

Vegeu la figura 23.

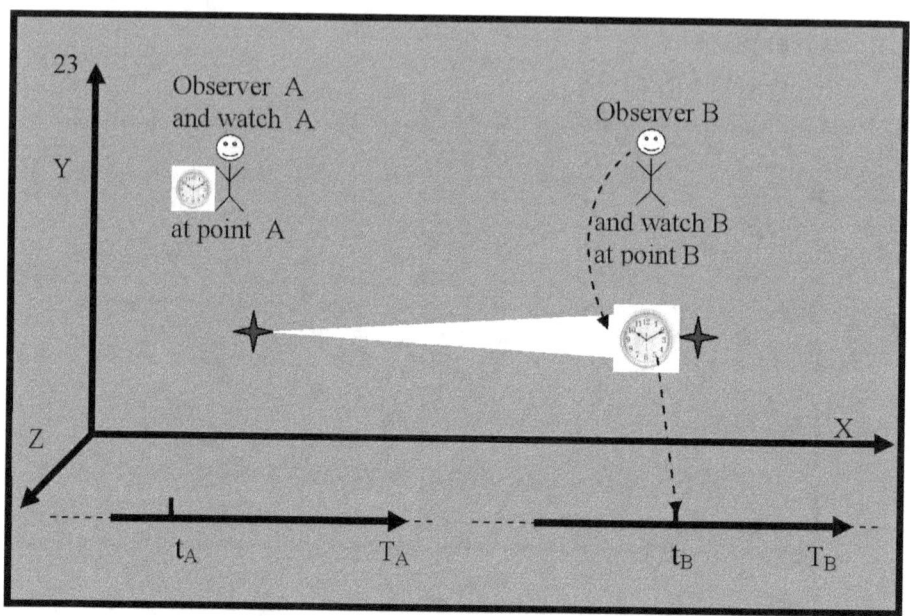

A la figura 23, l'instant de temps t_B es mostra a l'eix del temps d'un rellotge B.

Quan un observador B, veure les agulles d'un rellotge B, que indiquen l'instant de temps t_B, les agulles del rellotge d'un observador A, indicaran algun instant de temps t_{AB}.

Vegeu la figura 24.

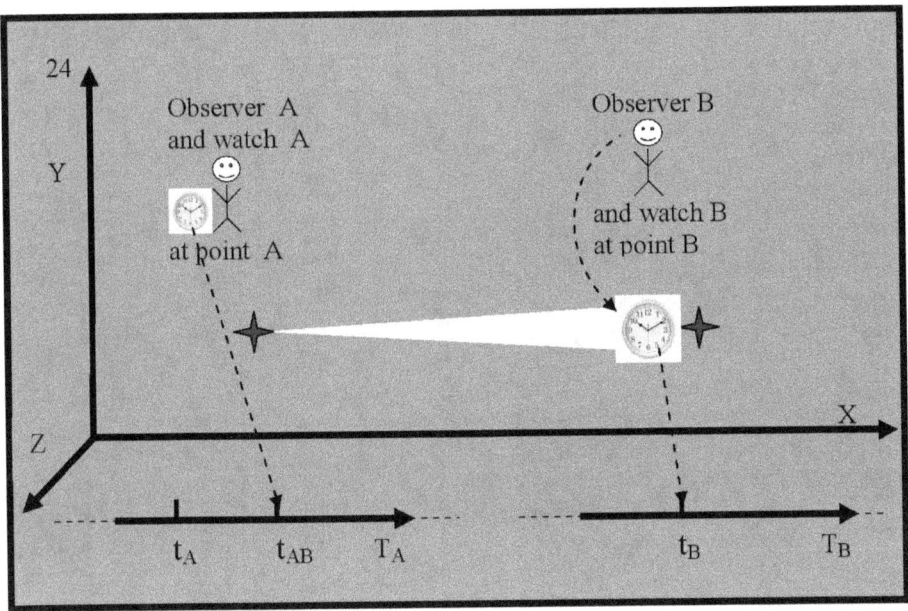

A la figura 24, una fletxa discontínua indica l'instant de temps t_{AB} al rellotge A.

Si suposem que el rellotge B i el rellotge A, mesuren i mostren la mateixa hora, aleshores, l'instant de temps t_B ha de ser igual a l'instant de temps t_{AB}.

Sorgeixen dues preguntes.

La primera pregunta és:

Pot un observador B, entendre que, t_B és igual a t_{AB}, i veure una coincidència de l'esdeveniment "ocorrent en un moment en el temps t_B" amb l'esdeveniment "ocorrent en un moment en el temps t_{AB}"?

La resposta és no. Un observador B no pot veure les lectures de les agulles del rellotge d'un observador A que indiquen un moment en el temps t_{AB}.

Vegeu la figura 25

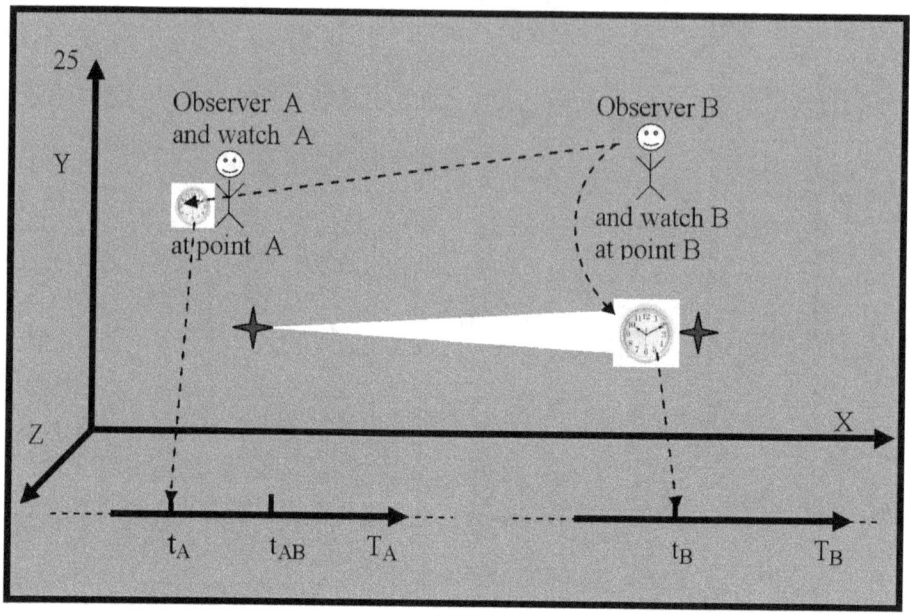

figura 25 mostra que un observador B veurà les lectures de les agulles d'un rellotge A, que indicaran un moment en el temps t_A. Això és perquè quan un observador B mira el rellotge d'un observador A, veurà la imatge de llum d'un rellotge A. Ja hem explicat que és la llum que es reflecteix a la cara d'un rellotge A i que porta informació sobre les lectures de les agulles d'un rellotge A. La imatge de llum d'un rellotge A es mou juntament amb l'inici del pols de llum. L'inici del pols i la imatge arribaran B junts en un punt, i això passarà en un instant de temps t_B mesurat per un rellotge B.

En resum, quan el pols de llum il·lumina un rellotge B, un observador B veurà en el seu rellotge B, un moment en el temps t_B, i ho veurà en un rellotge A, un moment en el temps t_A. En aquest punt del nostre experiment, l'observador B no pot demostrar que els rellotges estan sincronitzats.

La segona pregunta és:

Pot un observador A saber que l'instant de temps t_{AB}

mesurat pel seu rellotge A és igual a l'instant de temps t_B mesurat per un rellotge B?

La resposta és no. Això es deu al fet que un observador A mira el rellotge B, però allà és fosc. És fosc perquè el feix de llum reflectit encara no ha arribat a un observador A. Mireu la figura 23. Quan el feix de llum torna cap a l'observador A, només llavors A l'observador veurà l'instant de temps t_B al rellotge B. Quan un observador A veu l'instant de temps t_B en un rellotge B, mirarà al seu rellotge i compararà l'hora t_B del rellotge B amb l'hora del seu propi rellotge A. El rellotge d'un observador A mostrarà un instant de temps t'_A que no és igual a l'instant de temps t_B i que no és igual a l'instant de temps t_{AB}. Un observador A no pot veure la coincidència de l'esdeveniment de l'hora t_B del rellotge amb l'esdeveniment del B temps t_{AB} del rellotge A. Això es deu al fet que la llum viatja a una velocitat de tres-cents mil quilòmetres per segon i recorre la distància d'un punt B a A un altre en un interval de temps real. Aquest interval real és un retard que el rellotge A compta. Un observador A no pot determinar l'hora t_{AB} i no pot sincronitzar els dos rellotges.

En aquesta etapa de l'experiment, els observadors no A poden B sincronitzar els dos rellotges

L'inici del feix de llum és reflectit per la cara d'un rellotge B i comença a moure's cap a un observador A.

Vegeu la figura 26.

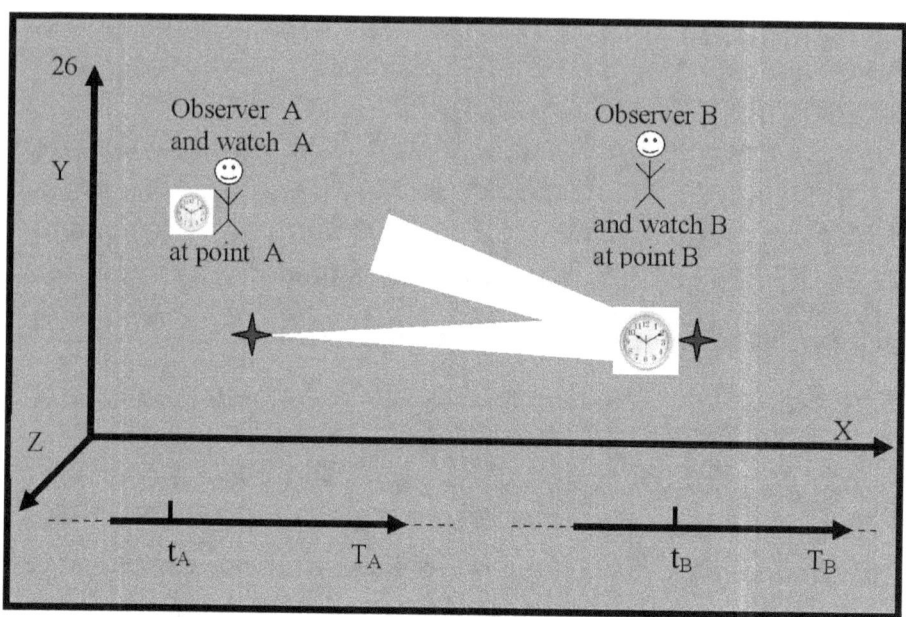

A la figura 26, es pot veure que l'hora A no es mostra a l'eix del temps d'un rellotge t_{AB}, perquè no està definit.

L'inici del feix de llum porta informació sobre les lectures de les agulles d'un rellotge B.

El començament del raig de llum arriba a un observador A, Vegeu la figura 27.

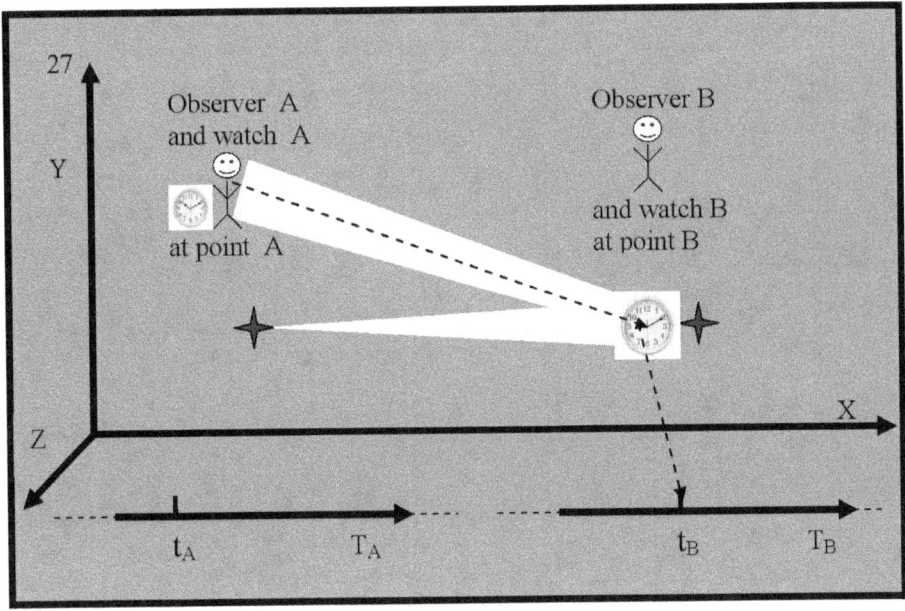

figura 27 mostra que un observador A veu la imatge lleugera d'una esfera de rellotge B i les lectures de les agulles d'un rellotge B que indiquen un moment en el temps t_B.

observador A mirant el seu rellotge veu que això passa en un moment determinat t'_A.

Vegeu la figura 28.

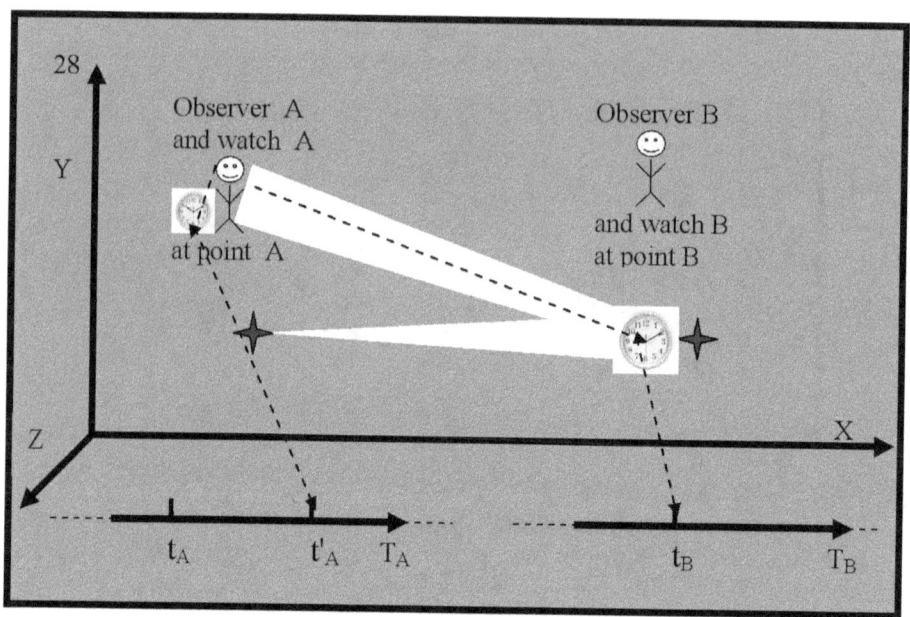

Quan un observador A veu les lectures de les agulles del seu rellotge A que indiquen un moment en el temps t'_A, les agulles d'un rellotge B assenyalaran un moment en el temps t_{BA}.
Vegeu la figura 29.

EL PRIMER ERROR D'EINSTEIN

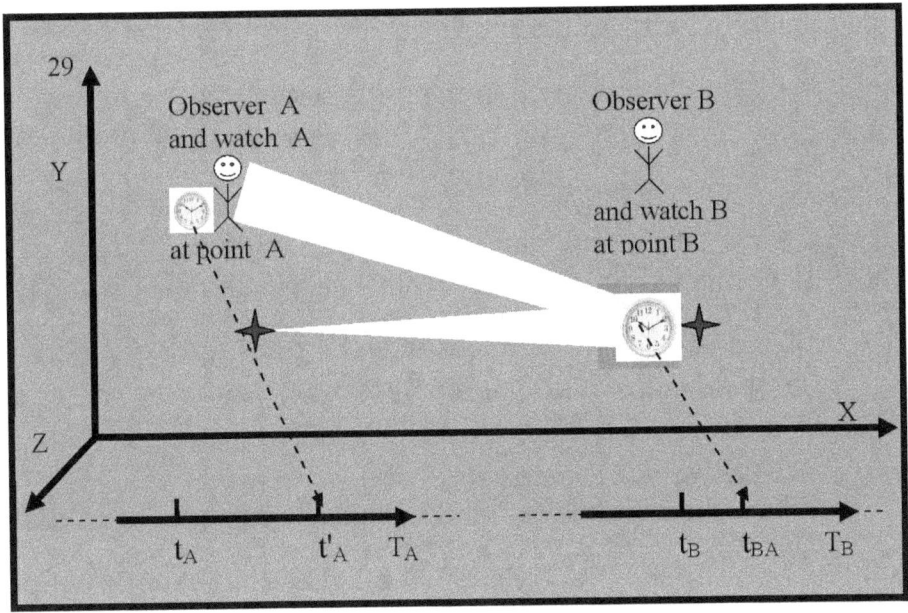

La figura 29 mostra el que veu un observador A segons el seu rellotge i el que veu un observador B segons el seu rellotge.

Si suposem que els rellotges funcionen de manera sincrònica, aleshores l'instant de temps t_{BA}, ha de ser igual a l'instant de temps t'_A.

Sorgeixen dues preguntes.

La primera pregunta és:

Pot un observador A saber que l'instant de temps t'_A mesurat pel seu rellotge A és igual a l'instant de temps t_{BA} mesurat pel rellotge B?

La resposta és no.

Això es deu al fet que un observador A mira un rellotge B, però allà veu un moment en el temps t_B, a través del qual el temps, un observador A determina el temps t'_A. La imatge lleugera de les lectures de les agulles d'un rellotge B, que mostren el moment en el temps t_{BA}, és en un rellotge B.

Quan la imatge lleugera de les lectures de les agulles d'un rellotge B, que indiquen el moment del temps t_{BA}, es retorna a un observador A, només llavors A l'observador veurà el moment del temps t_{BA} al rellotge B. Però quan això passi, el rellotge A mostrarà una hora completament diferent. Observador A, no pot veure **la coincidència de l'esdeveniment** moment en el temps t'_A, amb l'esdeveniment moment en el temps t_{BA}.

Un observador A no pot dir ni demostrar que els rellotges estan sincronitzats.

La segona pregunta és:

Pot un observador B saber d'alguna manera que l'instant de temps t_{BA} mesurat per un rellotge B és igual a l'instant de temps t'_A mesurat per un rellotge A?

La resposta és no.

Això es deu al fet que un observador B mira el rellotge A i veurà les agulles del rellotge A, que indicaran un temps t_{AB} que és diferent del temps t'_A. El valor numèric de l'instant de temps t_{AB} estarà entre l'instant de temps t_A i l'instant de temps t'_A.

Vegeu la figura 30.

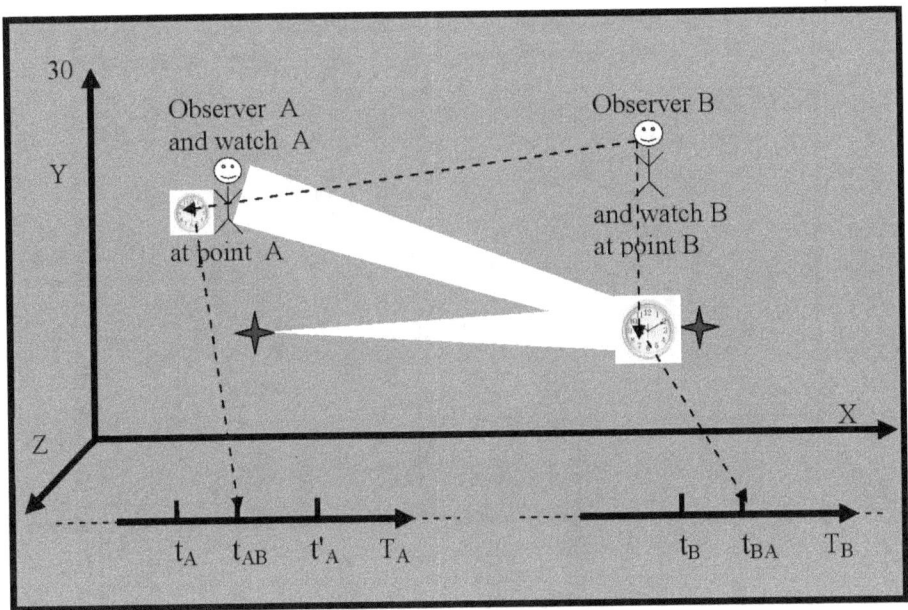

La figura 30 mostra el que veuria un observador B. En un rellotge A, veurà un moment en el temps t_{AB}, en un rellotge B, veurà un moment en el temps t_{BA}. El moment en el temps t_{AB} és diferent del moment en el temps t_{BA}.

Vam completar el segon experiment, que vam fer a les fosques. Amb detall i detall, hem analitzat el moviment del feix de llum, i hem entès com es compten els moments del temps en els dos rellotges. Resumirem els resultats.

Vegeu la figura 31.

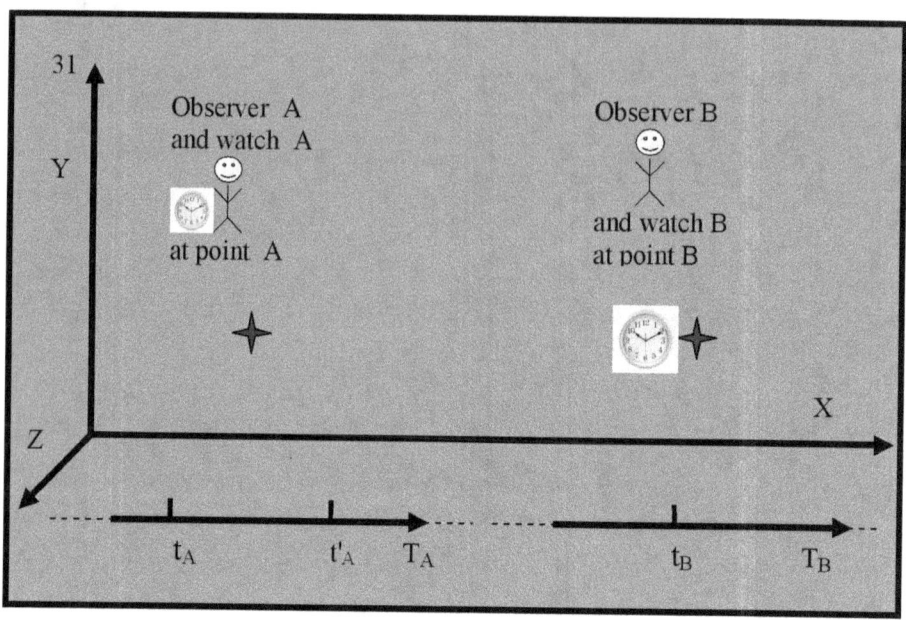

A la figura 31, es mostra quins moments de temps va veure un observador A, a través del seu rellotge, i quins moments de temps va veure un observador B, a través del seu rellotge.

Un observador B va veure al seu rellotge un moment en el temps en t_B què la cara d'un rellotge estava il·luminada B.

observador A va veure al seu rellotge un moment de temps t_A: l'aparició del raig de llum, un moment de temps, el t'_A retorn del raig de llum i el moment del temps t_B, d'un rellotge B.

Mostrarem aquest fet a la següent figura, i analitzarem la "llum".

Vegeu la figura 32.

EL PRIMER ERROR D'EINSTEIN

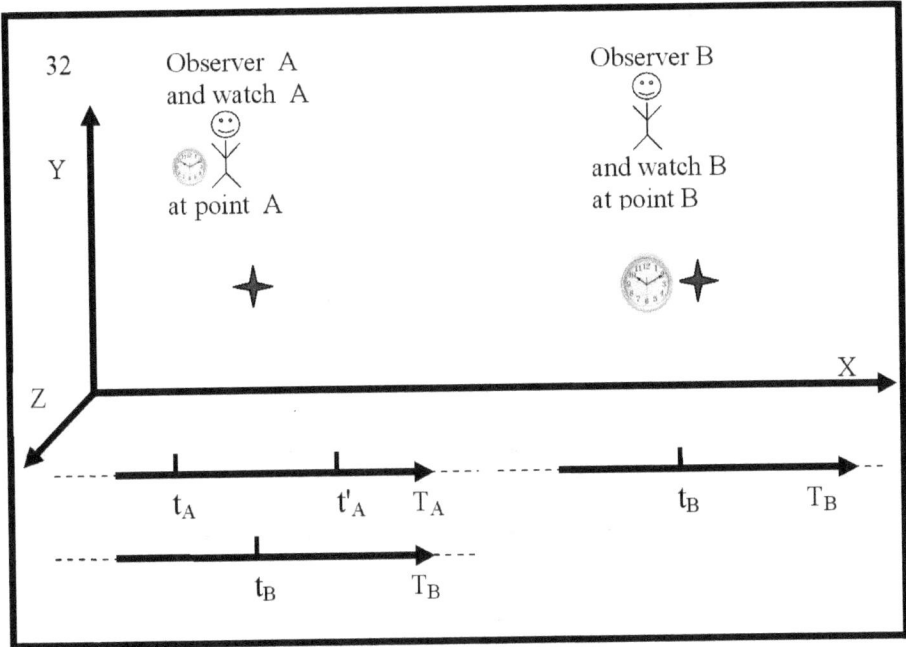

A la figura 32, es pot veure que a sota d'un observador B es mostra un vector de temps amb un instant de temps t_B vist per un observador B.

A sota de l'observador A es mostren dos vectors de temps i els instants de temps que l'observador ha vist A. El segon vector és el d'un observador B. D'aquesta manera, es poden comparar els dos vectors, i els moments sobre ells.

Un instant de temps t_B que està en un vector T_B no es pot col·locar en el vector de temps t_A. Això és degut a que els dos vectors són de dos rellotges diferents i són independents. Això és molt important i cal recordar-ho. Als llibres de física mostren un vector de temps, i en aquest vector mostren l'hora de molts rellotges diferents. Això és un error. Cada rellotge individual ha de tenir el seu propi vector de temps. D'aquesta manera, les anàlisis de temps són certes i clares.

Quan els rellotges funcionen de manera sincrònica, han de mostrar els mateixos instants de temps.

Vegeu la figura 33.

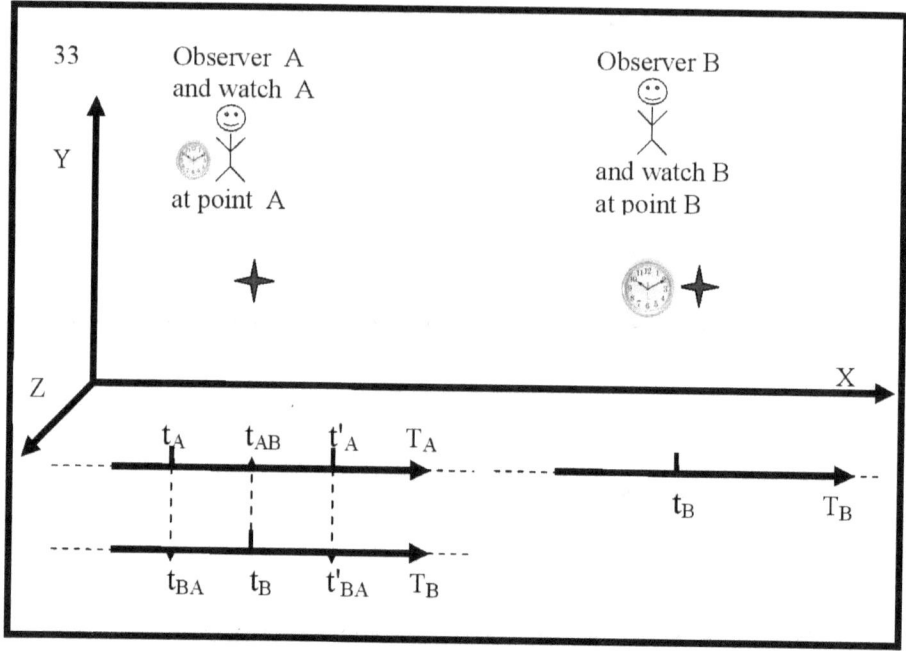

La figura 33 mostra que entre els dos vectors temporals T_A i T_B s'insereixen fletxes discontínues. Les fletxes mostren la relació entre els diferents moments del temps dels dos rellotges.

Quan un rellotge A mostra un moment en el temps t_A, llavors un rellotge B mostra un moment en el temps t_{BA}.

Mireu la figura 33.

El valor numèric d'un moment en el temps t_A ha de ser igual al valor numèric d'un moment en el temps t_{BA}. Aquesta igualtat és **la primera condició necessària** per demostrar que els rellotges estan sincronitzats. Això vol dir que un observador A ha d'haver vist la coincidència d'aquests dos esdeveniments. Coincidència de l'esdeveniment moment en el temps t_A amb l'esdeveniment moment en el temps t_{BA}. En l'anàlisi que vam fer, vam demostrar i demostrar que un observador A no pot veure, ni pot demostrar, la coincidència d'aquests dos esdeveniments. Un observador A no pot satisfer **la primera** condició necessària i no pot demostrar que els rellotges estan sincronitzats.

Quan un rellotge B mostra un moment en el temps t_B, llavors un rellotge A mostra un moment en el temps t_{AB}.
Mireu la figura 33.

El valor numèric d'un moment en el temps t_B ha de ser igual al valor numèric d'un moment en el temps t_{AB}. Aquesta igualtat és **la segona condició necessària** per demostrar que els rellotges estan sincronitzats. Això vol dir que un observador B ha de veure la coincidència de l'esdeveniment moment en el temps t_B amb l'esdeveniment moment en el temps t_{AB}. En l'anàlisi que vam fer, vam demostrar i demostrar que un observador B no pot veure, ni pot demostrar, la coincidència d'aquests dos esdeveniments. Un observador B no pot satisfer la **segona** condició necessària i no pot demostrar que els rellotges estan sincronitzats.

Quan un rellotge A mostra un moment en el temps t'_A, llavors un rellotge B mostra un moment en el temps t'_{BA}.
Mireu la figura 33.

El valor numèric d'un moment en el temps t'_A ha de ser igual al valor numèric d'un moment en el temps t'_{BA}. Aquesta igualtat és **la tercera condició necessària** per demostrar que els rellotges estan sincronitzats. Això vol dir que un observador A ha d'haver vist la coincidència d'aquests dos esdeveniments. Coincidència de l'esdeveniment moment en el temps t'_A amb l'esdeveniment moment en el temps t'_{BA}. En l'anàlisi que vam fer, vam demostrar i demostrar que un observador A no pot veure, ni pot demostrar, la coincidència d'aquests dos esdeveniments. Un observador A no pot complir **la tercera** condició necessària i no pot demostrar que els rellotges estan sincronitzats.

La nostra anàlisi va demostrar que un observador A i un observador B no poden complir les tres condicions i no poden sincronitzar els seus rellotges.

Ara, alguns dels lectors poden objectar que hem introduït tres noves condicions per al funcionament sincrònic, mentre que, segons Albert Einstein, per sincronitzar els rellotges només cal que es compleixi una condició, a saber:

$$t_B - t_A = t'_A - t_B$$

Sí, ho és.

Segons el mètode d'Albert Einstein, si la igualtat és certa, aleshores, t_B es troba al mig de l'interval entre t_A i t'_A, per tant, els rellotges estan sincronitzats.

Ara a través d'unes quantes xifres, mostrarem dues coses molt importants:

Primer.

Mostrarem que l'instant de temps t_B pot **estar** al mig de l'interval entre t_A i t_B, i, tanmateix, els rellotges **no estaran** sincronitzats.

Segon.

Mostrarem que l'instant de temps t_B pot **no estar** al mig de l'interval entre t_A i i encara t'_A **tenir** els rellotges sincronitzats.

Quan veiem aquestes dues coses, sabrem que el mètode d'Albert Einstein és incorrecte.

Primer mostrarem els rellotges en funcionament sincrònic.

Vegeu la figura 34.

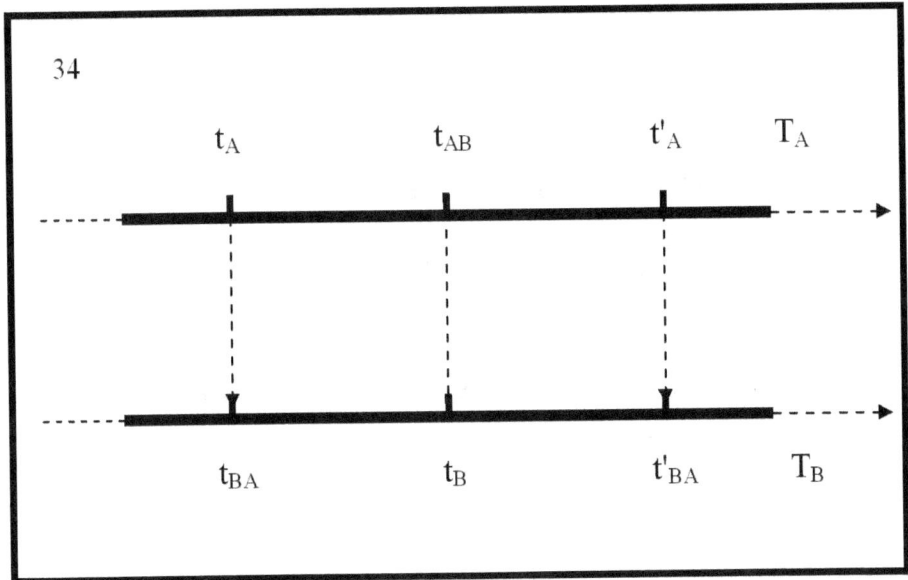

A la figura 34, es mostren el vector de temps de rellotge A a que és T_A, i el vector de temps de rellotge a B que és T_B.

Els moments del temps de rellotge A i rellotge B coincideixen. Instant de temps t_B, és igual a l'instant de temps t_{AB}, i t_B es troba al mig de l'interval entre t_A i t'_A. Es compleixen totes les condicions per al funcionament sincrònic dels rellotges. Els rellotges funcionen de manera sincrònica.

A la següent figura es tornen a mostrar els vectors de temps i els instants de temps dels dos rellotges.

Vegeu la figura 35.

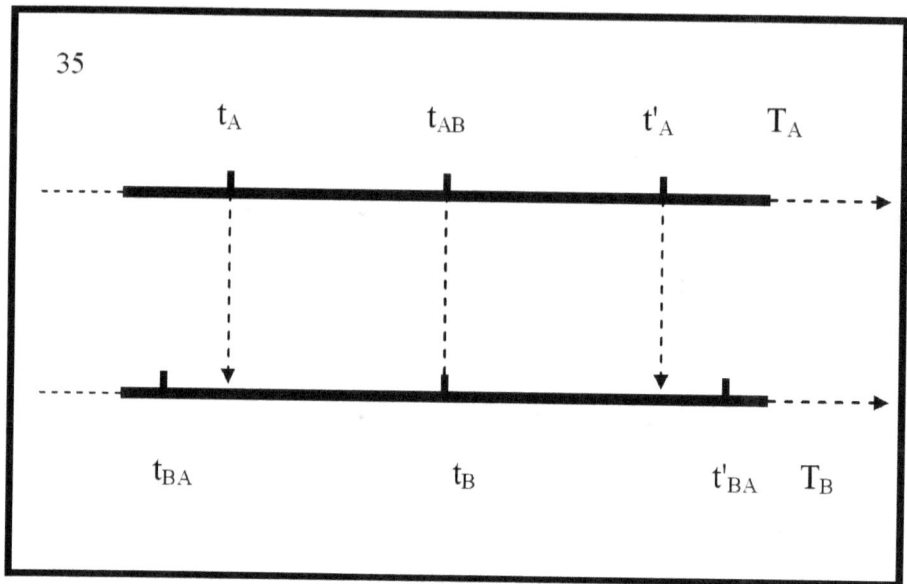

A la figura 35, es pot veure que l'instant de temps t_A no coincideix amb l'instant de temps t_{BA} i l'instant de temps t'_A no coincideix amb l'instant de temps t'_{BA}. Només l'instant de temps t_B, coincideix amb l'instant de temps t_{AB}, i es troba al mig de l'interval entre t_A i t'_A. Segons Albert Einstein, quan t_B està al mig, els rellotges estan sincronitzats. Però veiem que no estan sincronitzats. En la realització de l'experiment d'Einstein, és possible obtenir aquest resultat en el qual l'investigador no pot entendre que hi hagi un error.

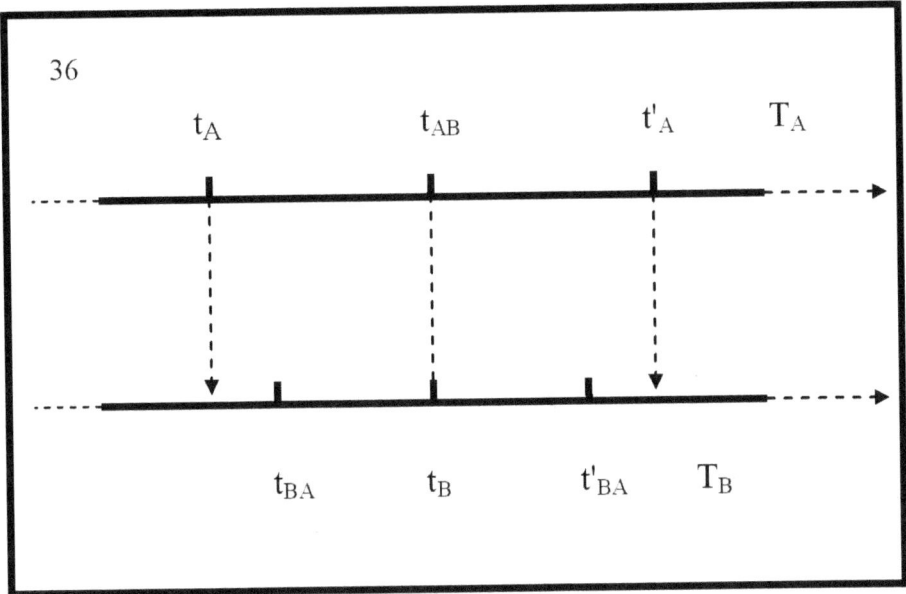

A la figura 36 veiem que el moment t_A no coincideix amb el moment t_{BA}, i el moment t'_A no coincideix amb el moment t'_{BA}. El moment t_B coincideix amb el moment t_{AB}, i es troba al mig de l'interval entre t_A i t'_A, però els rellotges no estan sincronitzats.

Vegeu la figura 37.

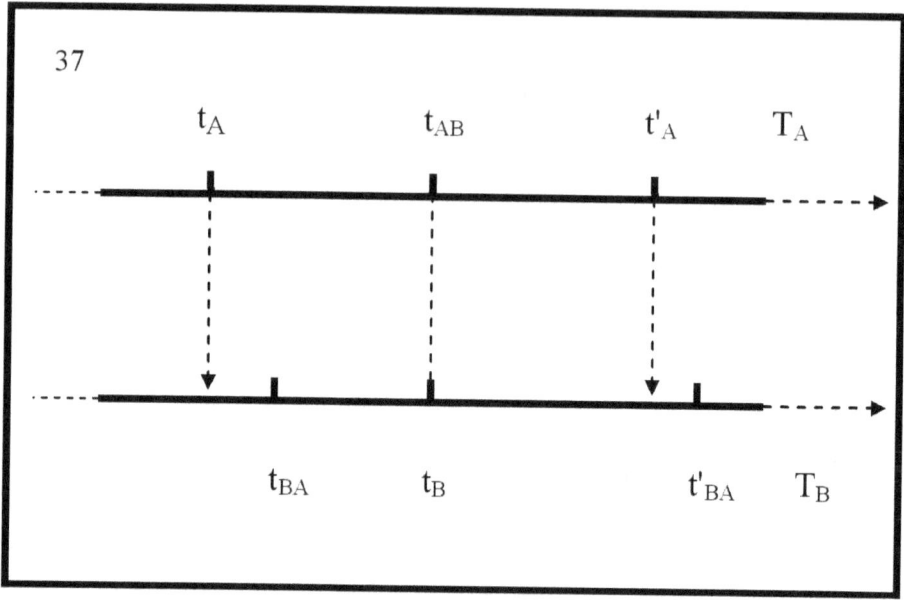

A la figura 37 veiem que el moment t_A no coincideix amb el moment t_{BA}, i el moment t'_A no coincideix amb el moment t'_{BA}. El moment t_B coincideix amb el moment t_{AB}, i es troba al mig de l'interval entre t_A i t'_A, però els rellotges no estan sincronitzats.

Vegem ara la figura 38:

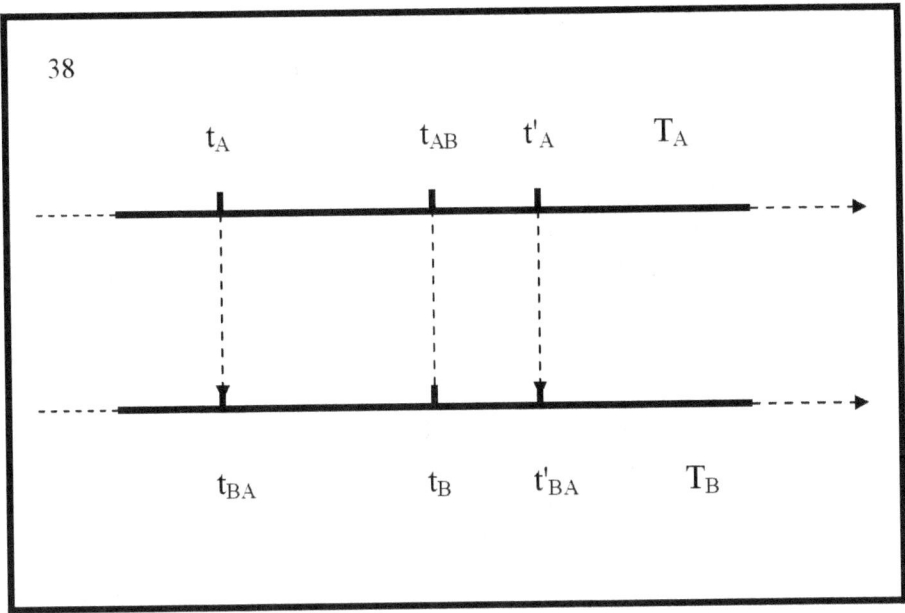

La figura 38 mostra que el moment t_A coincideix amb el moment t_{BA} en què es compleix la primera condició, el moment t_B coincideix amb el moment t_{AB}, es compleix la segona condició, el moment t'_A coincideix amb el moment t'_{BA}, la tercera condició es compleix.

tres moments d'un rellotge A coincideixen amb els tres moments d'un rellotge B, el que significa que els **rellotges estan sincronitzats**. Però veiem que el moment t_B, que coincideix amb el moment t_{AB}, **no es troba** al mig de l'interval entre t_A i t'_A. Segons Albert Einstein, si l'instant t_B, no es troba al mig de l'interval entre t_A i t'_A, els rellotges no estan sincronitzats. Es planteja la pregunta, qui té raó? Nosaltres o Albert Einstein? Jutgeu per vosaltres mateixos.

Alguns dels lectors que llegeixen el que he escrit poden objectar que es tracta d'anàlisis molt detallades i de raonaments innecessàriament complicats.

No estic d'acord amb aquesta objecció.

No estic d'acord perquè estem analitzant els principis i el

fonament del Tory de la Relativitat.

La Teoria de la Relativitat, en la seva forma completa, considera tots els efectes que estan relacionats amb el temps físic. En la teoria de la relativitat, el temps és una magnitud variable. La velocitat del temps és diferent i depèn de la gravetat i de la velocitat amb què els diferents cossos físics es mouen entre si.

Per exemple, a la Teoria de la Relativitat, hi ha el fenomen del forat negre. En un forat negre, la velocitat del temps és zero i cada segon es converteix en un interval de temps infinitament llarg.

Per tant, a l'hora de sincronitzar rellotges que mesuraran el temps a la Teoria de la Relativitat, els mètodes de sincronització han de ser molt precisos. Totes les accions que es realitzen i que tenen com a objectiu la sincronització s'han d'analitzar detingudament. No es permeten ambigüitats i imprecisions.

4. SOLUCIÓ DEL PROBLEMA

Són possibles diversos criteris per demostrar el funcionament síncron d'almenys dos rellotges.

És important saber i recordar sempre que:

Primer:

La quantitat de criteris possibles per demostrar moviments sincrònics és infinitament gran.

Vegeu "El temps. Espai. Moviment. Descans. Relativitat. Absolut" Editorial Acadèmica LAP LAMBERT (30-08-2018)

Segon:

La definició de criteris específics la fa l'investigador. L'elecció d'un mètode concret depèn de les tasques científiques i de recerca a resoldre. L'elecció del camí (mètode) és sempre una convenció, que és un acord entre almenys dos investigadors.

Tercer:

El criteri de sincronicitat s'aplica a l'estat de moviment d'almenys dues coses. El criteri de sincronicitat no es pot aplicar a l'estat de repòs.

Quart:

El criteri per al *funcionament sincrònic* d'almenys dos rellotges és quelcom diferent del criteri per a *la mesura simultània i precisa del temps* per almenys dos rellotges.

Considerarem i analitzarem els criteris clàssics per comprovar el funcionament sincrònic d'almenys dos rellotges. Amb l'ajuda de figures, mostrarem com es sincronitzen els moviments.

Vegeu la figura 3 9.

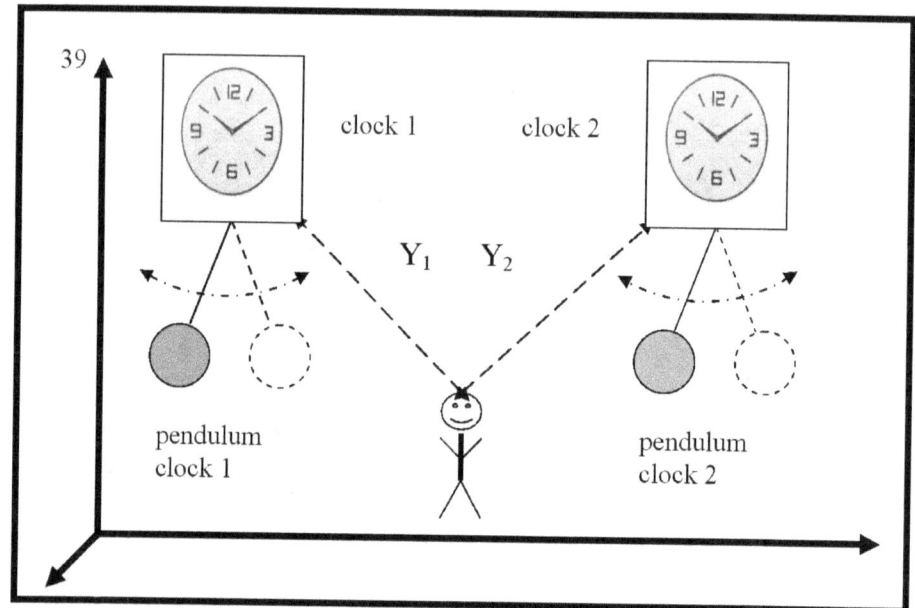

A la figura 3 9, són visibles dos rellotges cíclics mecànics. Els rellotges cíclics mecànics són els que tenen pèndol.

Vegeu "El temps. Espai. Moviment. Descans. Relativitat. Absolut" Editorial Acadèmica LAP LAMBERT (30-08-2018)

veu un observador equidistant dels rellotges. La distància Y_1 és igual a la distància Y_2.

L'observador es posiciona en relació amb els rellotges d'una manera precisament definida. La manera en què es col·loca l'observador permet a l'observador veure el pèndol del rellotge un i el pèndol del rellotge dos.

Clock Pendulum One i Clock Pendulum Two es col·loquen a l'extrem esquerre.

La línia discontínua mostra la posició extrema dreta en què el pèndol oscil·larà al rellotge u i la posició extrema dreta en què el pèndol oscil·larà al rellotge dos.

En la posició extrema dreta i en la posició extrema esquerra, el pèndol del rellotge un i el pèndol del rellotge dos estan en repòs.

En el cas general, els rellotges poden estar fora de

sincronització, i aleshores el pèndol del rellotge un i el pèndol del rellotge dos es mouen en relació amb l'observador de manera esglaonada.

Vegeu la figura 40.

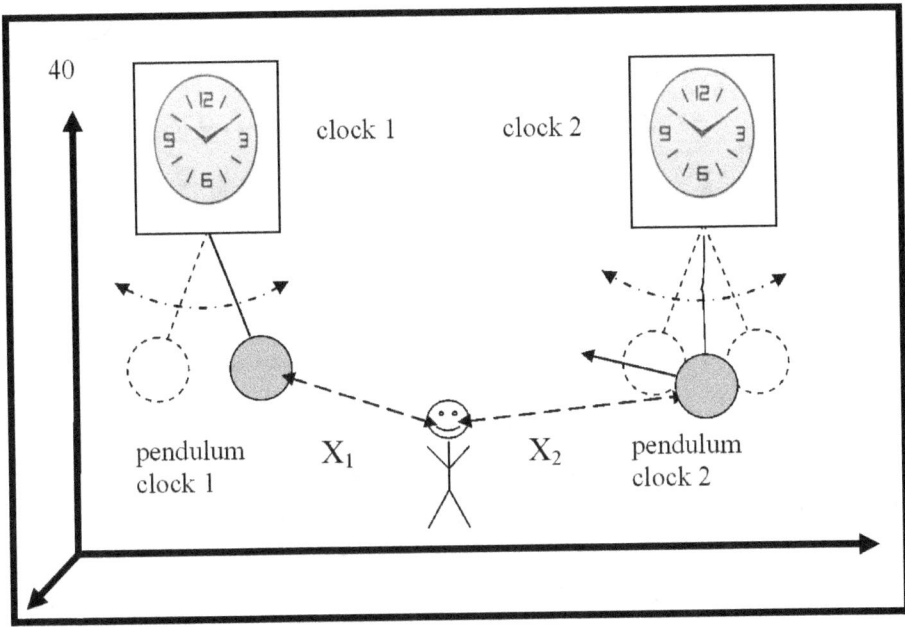

La figura 40 mostra que el pèndol del rellotge un està en repòs respecte de l'observador. Però, a la figura, es mostra que el pèndol del rellotge dos, continua movent-se i s'acosta a l'observador. La distància X_1 és menor que la distància X_2.

En aquest cas, l'observador ha d'emprendre les accions necessàries per aconseguir una coincidència de l'esdeveniment "estat de repòs del pèndol un" amb l'esdeveniment "estat de repòs del pèndol dos". Això es pot fer de diferents maneres. No descriurem els procediments que s'han de realitzar per obtenir esdeveniments coincidents. Analitzarem un mètode per comprovar el funcionament sincrònic dels dos rellotges.

Considerarem un cas experimental on se suposa que els rellotges estan sincronitzats i s'han de verificar.

Vegeu la figura 41

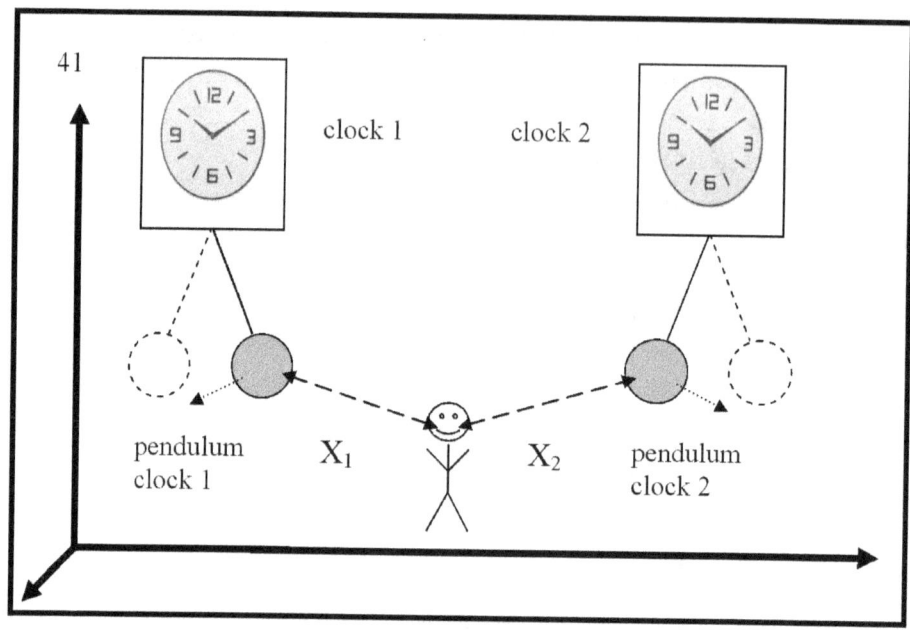

La figura 41 mostra el pèndol del rellotge un i el pèndol del rellotge dos movent-se en direccions oposades. Quan el pèndol del rellotge un es mou cap a l'esquerra, el pèndol del rellotge dos es mou cap a la dreta. L'observador observa el moviment dels pèndols dels dos rellotges L'observador ha de determinar que el moviment dels dos pèndols és sincrònic. L'observador ha de seleccionar criteris per al moviment sincrònic del pèndol un i del pèndol dos. Això es fa de la següent manera.

L'observador s'adona que quan el pèndol del rellotge un està més a prop de l'observador, el pèndol del rellotge un, està en repòs respecte a l'observador, i després comença a moure's en sentit contrari.

Quan el pèndol del rellotge dos està més a prop de l'observador, el pèndol del rellotge dos està en repòs respecte de l'observador, i després comença a moure's en la direcció oposada. L'estat de les habitacions d'un dormitori i l'estat de les habitacions del dormitori dos són dos esdeveniments diferents. L'observador té l'oportunitat d'observar i comprovar la coincidència dels dos esdeveniments.

Quan es produeix una coincidència dels dos esdeveniments,

l'observador fusiona els dos esdeveniments en un esdeveniment nou que s'anomena "coincidència d'un *esdeveniment de pèndol de repòs un* amb un *esdeveniment de pèndol de repòs dos* ". L'esdeveniment "coincidència d'un esdeveniment en *repòs pèndol un* amb un esdeveniment en *repòs pèndol dos* " és una condició necessària perquè l'observador demostri que el moviment del pèndol un és sincrònic amb el moviment del pèndol dos. Però això no és suficient. Una condició suficient és quan l'esdeveniment "coincidència de l'esdeveniment del *pèndol de repòs un* amb l'esdeveniment del *pèndol de repòs dos* " es produeix una vegada més. Això s'ha de fer en el següent cicle de balanceig del pèndol un i el pèndol dos.

L'observador sap que el moviment del pèndol del rellotge un i el rellotge dos encara no està sincronitzat, per tant, l'observador continua vigilant acuradament el moviment del pèndol un i el pèndol dos. L'observador espera que en el proper cicle, de moviment del pèndol un i del pèndol dos, per segona vegada, de nou, es produeixi l'esdeveniment "coincidència del *pèndol de repòs un* amb el *pèndol de repòs dos* "

pèndol de repòs un amb el *pèndol de repòs dos* " es produeix una vegada més (per segona vegada de la mateixa manera), l'observador pot concloure que el moviment del pèndol un, és sincrònic amb el moviment del pèndol dos.

És important saber i recordar que l'observador pot observar l'esdeveniment "coincidència del *pèndol de repòs un* amb el *pèndol de repòs dos* " si i només perquè (i quan), es troba **equidistant** dels dos rellotges. Si no es compleix aquesta condició, el partit no es podrà observar.

El criteri mostrat per als moviments sincrònics és elemental. Són possibles criteris molt més complexos. L'elecció depèn de l'investigador.

Hem descrit amb gran detall un mètode pel qual és possible determinar els moviments sincrònics i el funcionament sincrònic de dos rellotges.

En els criteris especificats que hem utilitzat, el concepte de temps no s'utilitza enlloc. Això es fa de manera força deliberada.

Els moviments sincrònics (que es mouen per l'espai) no necessiten la idea del temps físic per ser demostrat o refutat.

El fenomen del temps necessita moviments sincrònics provats. Quan es demostren moviments sincrònics, és possible analitzar el fenomen del temps físic.

5. ANÀLISI 02.02.2022.

Aquesta discussió es va fer el dia dos de febrer de dos mil vint-i-dos. És divertit.

El 1905, Einstein va publicar l'article " Zur electrodinàmica mover Körper ", Annalen der Physik , 1905 17, 891-921.
Al paràgraf dos de l'article, Einstein defineix dos principis de la relativitat especial, de la següent manera:

Primer principi.

Les lleis per les quals canvien els estats dels sistemes físics no depenen de quin dels dos sistemes en moviment rectilini uniforme entre ells es refereixen aquests canvis.

Segon principi.

Cada raig de llum es mou en un sistema de coordenades en repòs amb una certa velocitat V , independentment de si aquest raig s'emet des d'un repòs o d'un cos en moviment. A més, $velocity = \frac{beam..path}{time..interval}$ s'ha d'entendre "interval de temps" en el sentit de la definició del paràgraf primer".

Nota: ($velocity = \frac{beam..path}{time..interval}$) = (velocitat = recorregut del feix / interval de temps)

Però , em sap greu assenyalar que al paràgraf 1, Einstein no dóna una definició d'"**interval de temps**". Encara pitjor, en el paràgraf 1 o Einstein, ni una sola vegada, utilitza el terme " **interval de temps** ". I, tanmateix, Einstein va insistir que **un interval de temps**

s'havia d'entendre en el sentit del paràgraf primer.
Què significa la frase:

"... s'entén en el sentit de la definició de l'apartat primer".

Això no pot ser una definició. Aquesta manera de fer anàlisi no és correcta. Això porta a malentesos i una sèrie d'errors. Això vol dir que quan diferents investigadors llegeixen el paràgraf 1, obtindran idees diferents sobre un **interval de temps** . Quan tinguin idees diferents, pensaran de manera diferent sobre **l'interval de temps** . És cert, no hauria de passar. Les persones són diferents i perceben la informació de manera diferent. Això és perfectament normal, i sempre ho serà. Aquesta és la raó per la qual cada investigador hauria d'oferir definicions tan clares, tan precises i tan breus com sigui possible.

A continuació, el lector llegeix la definició i es crea una idea clara del fenomen que es defineix a la seva ment . Quan les representacions de dos investigadors són clares, aquestes dues representacions poden ser idèntiques. Aquest és el propòsit de cada definició que es crea a la ciència.

Einstein no va aconseguir aquest objectiu. Tinc la sensació que, per alguna raó, no es va proposar aquesta tasca, i com si deliberadament no oferís una definició del concepte "interval de temps". Alguns lectors poden argumentar que això no és tan important, i no importa per a la Teoria Especial de la Relativitat. Respondré així: no estic categòricament d'acord. **L'interval de temps** és un concepte fonamental i important en la Relativitat Especial, potser el més important dels dos principis. **L'interval de temps** juga un paper clau en la creació de l'aparell matemàtic de la Teoria Especial de la Relativitat. Les expressions matemàtiques són elementals, i és fàcil veure que quan es crea la Teoria de la Relativitat, l'« **interval de temps** » esdevé **temps físic** , a través de la fórmula de Lorentz. Einstein va ser el primer a proposar una definició del concepte de temps físic. Al meu entendre, aquesta és la seva principal aportació a la ciència. El temps físic és un concepte fonamental (bàsic, important) en la Teoria Especial de la

Relativitat, en la Teoria General de la Relativitat i en la ciència de la física. Ningú més abans d'Einstein havia plantejat la hipòtesi que existís el fenomen del TEMPS FÍSIC.

Einstein va expressar aquesta hipòtesi l'any 1910 a l'article " Le principe de relativite ses consequences dans physique moderne ". En aquest article, Einstein va utilitzar intervals de temps i a través d'ells va crear la hipòtesi del TEMPS FÍSIC.

Per tant, quan es defineix el terme "interval de temps", la definició ha de ser perfectament clara, perfectament precisa, perfectament precisa. Quan no hi ha claredat, precisió i precisió, vol dir que hi poden haver hipòtesis ocultes i veritats axiomàtiques detallades, o mitges definicions. És llavors quan apareixen els errors i fal·làcies més grans de la ciència.

A la fórmula especificada $t_B - t_A = t'_A - t_B$, es defineix l'interval de temps, només i només per a un rellotge A. En la fórmula donada, no hi ha cap interval de temps de rellotge B. L'interval de temps per a rellotge A, s'utilitza en forma oculta i per a rellotge B. Això és exactament el que s'anomena hipòtesi oculta. A la primera part de l'article intento mostrar quines són les conseqüències d'aquesta hipòtesi oculta. Segons Einstein, els rellotges estan sincronitzats, però de l'anàlisi que hem fet, queda molt clar que els rellotges poden no estar sincronitzats. Aquest és un exemple clàssic de com una inexactitud condueix a la incertesa en tota la hipòtesi. Aquesta indeterminació es converteix en una incorrecció, i té greus conseqüències per a la Relativitat Especial, la Relativitat General i la ciència de la física.

Molts investigadors diferents han analitzat la Teoria Especial de la Relativitat i han mostrat la seva actitud personal davant la hipòtesi d'Einstein. Una part són partidaris, una altra part són oponents. Tots dos coincideixen que els dos principis són els més importants i són la base de la Teoria Especial de la Relativitat. Però tots dos sovint cometen el mateix error, és a dir, no citen tot el segon principi. No s'adonen que l'última frase del principi forma part del mateix principi i representa un **interval de temps**. Si el citen, no fan cas del que s'ha dit i no l' analitzen.

Una vegada més el segon principi:

Cada raig de llum es mou en un sistema de coordenades de repòs amb una certa velocitat V, independentment de si aquest raig s'emet des d'un cos en repòs o en moviment. A més $velocity = \dfrac{beam..path}{time..interval}$, s'ha d'entendre "interval de temps" en el sentit de la definició del paràgraf un".

A l'última frase del segon principi (el vermell), Einstein va utilitzar primer el terme "**interval de temps**", i immediatament després va afirmar que "**interval de temps**" es va definir al paràgraf un. He llegit el paràgraf 1 amb molta cura i repetidament. Volia trobar una definició d'"interval de temps". Malauradament, no he trobat aquesta definició. Si algun lector té èxit, si us plau, intervingui. estaré agraït.

No puc acceptar una definició tal com es proposa d'aquesta manera. El concepte **d'interval de temps o** necessita una definició que sigui de rang de principi, respecte a la Teoria de la Relativitat. En la Teoria de la Relativitat, un "**interval de temps**" és una mesura particular, QUANTITAT DE TEMPS, de QUALITAT TEMPS FÍSIC. En què, QUALITAT TEMPS FÍSIC és relatiu. El fenomen "**interval de temps**" està present en TOTA UNA ACTUALITAT INFINITA. És present absolutament simultàniament, i està relacionat amb la categoria filosòfica TEMPS, i el fenomen TEMPS objectivament existent.

****

L'interval només es defineix per a un rellotge, i aquest interval ha de ser igual a l'interval de l'altre rellotge. Aquí sorgeix la pregunta, què vol dir la igualtat de dos intervals de temps? S'ha de demostrar sempre la coincidència de dos moments en el temps . L'hora d'inici del primer interval ha de coincidir amb l'hora d'inici del segon interval i l'hora de finalització del primer interval ha de coincidir amb l'hora de finalització del segon interval. Això s'anomena coincidència d'esdeveniments en el temps, que és una idea perfecta d'Einstein. Quan es demostra la coincidència, llavors és possible afirmar que els dos intervals són iguals. Aquest és el judici, i en el cap humà es crea una idea d'igualtat de dos intervals de temps. Cal recordar sempre que la idea d'alguna cosa és diferent de la cosa mateixa. El concepte de temps és diferent del fenomen del temps. Ho dic perquè estic fermament convençut que el concepte del **fenomen del temps físic** és completament diferent del concepte del **fenomen del temps filosòfic** . La categoria filosòfica **del temps** designa un fenomen de la realitat que és fonamentalment diferent del temps físic d'Einstein. El desenvolupament modern de la física demostra que aquest fet no es té en compte.

****

mesura d'una **quantitat de temps** es fa mitjançant un " **interval de temps** " i s'utilitza per mesurar la distància. Quan es mesura una distància, s'utilitza un estàndard. Cada punt de referència (per a la distància) té dos punts finals. Els dos punts finals del cupó coincideixen amb dos punts de l'ONE EFICACIA INFINITA.
La coincidència de punts a l'espai és absoluta. La coincidència de dos punts d'una línia amb dos punts d'una altra línia sempre és absolutament simultània. És **l'ocurrència d'esdeveniments en el temps** . La coincidència d'aquests punts no necessita la hipòtesi del temps relatiu. Quan l'estàndard no es mou, la coincidència de punts aquí i ara ha de ser absolutament simultània amb la coincidència de punts allà i ara.
L'afirmació veritable és:
Aleshores, **aquí i ara** , tenim una coincidència amb, **allà i ara** .
Allà i ara és segons el rellotge, **aquí i ara** . Quan les distàncies solen ser infinitament grans , o infinitament petites, determinar un **interval de temps** és una tasca difícil. I si no hi ha una definició precisa, **l'interval de temps** esdevé una utopia.

6 ANÀLISI 22022022

Aquesta anàlisi es va fer el vint-i-dos de febrer de dos mil vint-i-dos. Una altra casualitat divertida.

En la seva anàlisi, Einstein va utilitzar els conceptes de temps, espai, interval de temps, instant de temps, criteris de sincronització, rellotge i mesura del temps. Einstein va utilitzar conceptes amb la idea que els conceptes són extremadament clars, comprensibles i no necessiten cap explicació. Però això no és així. Els conceptes enumerats serveixen per denotar determinats fenòmens físics. Els **fenòmens** físics existeixen objectivament. Existeixen objectivament significa que els fenòmens són independents de la consciència (pensament humà) i que estan fora de la consciència humana i que no són un producte de la consciència humana. Els fenòmens físics tenen una certa essència. L'essència de qualsevol fenomen particular és un conjunt de parts separades. Cada part té una propietat determinada. Cada propietat és una forma de moviment o una forma de repòs.
La suma de les parts individuals pertany a una essència sencera . La consciència reflecteix el fenomen i la seva essència. El pensament és una forma superior de reflexió (cerqueu a Internet l'acadèmic Todor Pavlov "Teoria de la reflexió"). El procés de pensar abasta alguna part del conjunt infinit de possibles connexions entre les propietats de les parts, de l'essència del fenomen. Són possibles relacions entre les formes de moviment i les formes de repòs. Pensar, com a forma superior de reflexió, d'un subjecte determinat és singular, singular, el que vol dir que és absolut. Això vol dir que en la UNA REALITAT INFINITA no

hi ha dues entitats que pensin igual. Cada entitat particular és singular, absoluta i reflecteix la ÚNICA ACTUALITAT INFINITA, d'una manera pròpia i subjectivament única. Com a resultat de la reflexió, apareixen en la ment del subjecte idees sobre la forma i el contingut del **concepte** , mitjançant les quals es designa objectivament el fenomen existent. Els subjectes analitzen i es comuniquen mitjançant conceptes concrets. La forma del concepte concret utilitzat per diferents subjectes és la mateixa (és la mateixa paraula), però el contingut del concepte concret utilitzat per diferents subjectes és diferent. La ciència humana és el resultat de realitzar anàlisis subjectives col·lectives i de donar forma a conclusions específiques mitjançant conceptes concrets. Els subjectes declaren conclusions concretes i conceptes concrets com a veritat subjectiva (hipòtesi), i això és una convenció, un contracte de veritat subjectiva, que és una hipòtesi. En la hipòtesi, hi ha presents els mateixos conceptes amb diferents continguts. La presència de conceptes amb diferents continguts fa que hi hagi presència d'hipòtesis axiomàtiques ocultes.

Una de les tasques importants de la ciència humana és la determinació i eliminació de veritats ocultes, implícites, axiomàtiques i subjectives.

La física moderna està plena d'hipòtesis arbitràries que s'amaguen en tota la ciència humana. Aquest és un defecte important que es pot superar mitjançant l'ús de mètodes científics adequats. La Teoria del Coneixement (epistemologia) ens dirigeix a la ciència de la Filosofia, que és la Metodologia en relació amb les ciències privades. Faré servir aquest fet per crear un entorn de definició adequat. L'entorn de definició és una suma de definicions de conceptes físics importants i regles sobre com s'utilitzen les definicions.

7. DEFINICIÓ D'ENTORN

Definició una.
categoria filosòfica TEMPS serveix per denotar el **fenomen del** TEMPS.

Definició segona.
El fenomen del TEMPS **existeix** independentment de la **consciència**.

Definició tres.
El fenomen del TEMPS és **un atribut** de la ÚNICA ACTUALITAT INFINITA.

Definició quatre.
Un "Interval de temps" és una **quantitat de** TEMPS.

Definició cinc.
quantitat específica de TIME pertany a una **única qualitat** TIME

Definició sis.
Definir el TEMPS **de qualitat** és una convenció.

Definició set.
Cada esdeveniment és un **fenomen que** posseeix una **essència**

L'entorn de definició és necessari per a l'anàlisi del fenomen TEMPS. L'entorn de definició es permet canviar, o completament diferent, que és una nova convenció.
Però ha d'estar present al principi de cada anàlisi. Si no, l'anàlisi és

impossible.

8. EXPLICACIONS A L'ENTORN DE DEFINICIÓ.

A la definició una.
categoria filosòfica TEMPS serveix per denotar el **fenomen del TEMPS**.

Explicació:
En la ciència de la filosofia hi ha conceptes bàsics importants que s'anomenen **categories** . El concepte de TEMPS és una *categoria filosòfica* . El concepte de **fenomen** és una categoria filosòfica que pertany al sistema de la lògica dialèctica. La lògica dialèctica és una part del coneixement filosòfic que defineix el desenvolupament de l'esperit absolut (vegeu Hegel "Fenomenologia de l'esperit").

A la definició dos.
El fenomen del TEMPS **existeix** independentment de **la consciència**.

Explicació:
Quan i si **la consciència** desapareix, el TEMPS continuarà **existint**. Els conceptes de **consciència** i **existència** són categories filosòfiques definides a la teoria de la reflexió. La teoria de la reflexió és una part del coneixement filosòfic que tracta de l'estudi de la REFLEXIÓ com **a propietat principal** de l'ÚNICA ACTUALITAT INFINITA. La propietat de la REFLEXIÓ és la causa del DESENVOLUPAMENT de l'ESPERIT ABSOLUT i la MATÈRIA. A

la ciència Filosofia, la propietat principal de la **cosa** es denota amb **l'atribut de categoria**. Quan i si la **cosa** és despullada de l'atribut, aleshores la **cosa** deixa d' **existir**.
La categoria filosòfica **existeix**, pertany a la teoria de la reflexió (vegeu Internet, l'acadèmic Todor Pavlov "Teoria de la reflexió").
L'existència vingi és en l'ESPAI i en el TEMPS.
Els conceptes ESPAI, MATÈRIA, ESPERIT ABSOLUT són categories de filosofia.
La categoria ÚNICA ACTUALITAT INFINITA serveix per designar la infinita multitud d' **objectes** i **subjectes** (vegeu " Temps . Espai . Moviment . Repòs . Relativitat . Absolut " Editorial Lambert 2018 "). Els conceptes d' **objecte** i **subjecte** són categories filosòfiques que s'analitzen, defineixen i pertanyen a la Teoria de la Reflexió.
Les categories **quelcom** i **res** pertanyen al sistema dialèctic.

A la definició tres.
El fenomen del TEMPS és **un atribut** de la ÚNICA ACTUALITAT INFINITA.

Explicació:
atribut de categoria filosòfica denota una propietat irrevocable. Tot **fenomen** té una propietat irrevocable. Ja he dit que quan se li treu la propietat irrevocable **al fenomen**, **el fenomen** deixa d' **existir**. Quan l'atribut TEMPS s'elimina de l'UNA ACTUALITAT INFINITA, l'ÚNICA ACTUALITAT INFINITA deixa d'existir.

A la definició quatre.
Un "Interval de temps" és una **quantitat de** TEMPS.

Explicació:
"Interval de temps" es mesura amb un dispositiu de mesura de TEMPS. El dispositiu de mesura de TIME mesura una **quantitat de** temps. El dispositiu de mesura del TEMPS s'anomena rellotge. **La quantitat de rellotges possibles**, a la UNA REALITAT INFINITA, és infinitament gran.

A la definició cinc.
quantitat específica de TIME pertany a una **única qualitat** TIME

Explicació:
El tipus TIME es defineix **qualitativament TIME.**
Per exemple, el TEMPS relatiu és el TEMPS de **qualitat**, el TEMPS absolut és un altre TEMPS de **qualitat**, el TEMPS físic d'Einstein és el TEMPS de **qualitat**, el TEMPS lògic és **la qualitat**. Es poden enumerar més...

A la definició sis.
Definir el TEMPS **de qualitat** és una convenció.

Explicacions:
El 1898, Poincaré va publicar un article. (" El temps mesura .") «Revue de Metaphysique et de Morale» (1898, t. VI, p. 1 -13).

Aquesta és una meravellosa anàlisi dels problemes que es plantegen a l'hora de determinar les maneres de mesurar el temps. En el procés d'anàlisi, Poincaré examina diverses regles que es poden utilitzar i en treu dues conclusions essencials:

"En aquesta discussió m'agradaria cridar l'atenció sobre dos punts.
1. Les normes aplicables són força diverses.
2. És difícil separar el problema qualitatiu de la simultaneïtat del problema quantitatiu de la mesura del temps".

En el llunyà any 1898, el que va dir Poincaré és una autèntica profecia del que està passant ara, l'any 2022. Poincaré mostra els problemes que sorgeixen a l'hora d'estudiar el fenomen del TEMPS. Són problemes que frenen el desenvolupament de la física i de tota la ciència moderna.

I quan Poincaré torna a examinar els intervals de temps, diu:

"Hem de treure la següent conclusió. No podem determinar directament per intuïció ni la simultaneïtat ni la igualtat de dos intervals de temps. Si creiem que tenim aquesta intuïció, estem enganyats. Ho substituïm per unes regles que gairebé sempre fem

servir sense adonar-nos-en".

Poincaré va dir això el 1898! Va ser vuit anys abans de 1905, quan Einstein va publicar el seu primer article sobre la Teoria de la Relativitat (" Zur electrodinàmica mover K ö rper "). En aquest article, Einstein va començar a pensar en un interval de temps i va intentar crear una definició d'un interval de temps. Però Einstein no ho va aconseguir. La meva opinió personal és que Poincaré sabia molt més que Einstein. Poincaré era molt conscient dels problemes a resoldre a l'hora d'analitzar el fenomen del TEMPS. Va ser aquest coneixement el que va impedir que Poincaré creés la teoria de la relativitat com Einstein va crear la teoria. Einstein tenia una comprensió intuïtiva del fenomen del TEMPS.

I precisament per això, segons Poincaré, el coneixement intuïtiu del temps ha de ser substituït per regles de mesura del temps. Quan apareixen les regles de mesura del temps, apareix la **convenció de qualitat** TIME .

Les regles són definicions, la convenció és un domini de definició. L'àrea de definició defineix el TEMPS de qualitat. Les normes presentades a la convenció han de complir uns requisits.

Aquestes són les paraules de Poincaré:

"Quina és l'essència d'aquestes normes?
No hi ha cap regla general. Hi ha moltes regles privades utilitzades en cada cas concret. Aquestes regles no se'ns imposen, i podem inventar-ne d'altres. Però no es poden canviar quan compliquen la formulació de lleis físiques, lleis de mecànica i astronomia. Per tant, escollim aquestes regles no perquè siguin certes, sinó perquè són les més convenients, i podem resumir de la següent manera:
La simultaneïtat de dos esdeveniments, o l'ordre de la seva successió, s'ha de determinar, per la igualtat de dues durades, de manera que la formulació de les lleis naturals sigui el més senzilla possible. En altres paraules, totes aquestes regles, totes aquestes definicions, només són fruit d' acords inconscients *.*

Fa més de cent anys, Poincaré va crear un programa per al desenvolupament futur d'hipòtesis sobre el fenomen del TEMPS.

Aquest programa s'ha d'utilitzar ara. Estic d'acord amb l'anàlisi de Poincaré i comparteixo les seves idees sobre el desenvolupament de la ciència que estudia el fenomen del TEMPS. Les anàlisis de Poincaré contenen una gran càrrega heurística. Són idees orientadores que hem de seguir els qui analitzem el fenomen TEMPS.

A la definició set.
Cada esdeveniment és un **fenomen que** posseeix una **essència**.

Explicació:
A l'article " Zur electrodinàmica mover K ö rper ", escrit el 1905, Albert Einstein va introduir el terme "coincidència d'esdeveniments" i va suggerir que s'utilitzi per definir la simultaneïtat d'esdeveniments. Això és el que diu:

"Si un rellotge està situat en un punt A de l'espai, aleshores l'observador, situat en A , pot determinar l'hora dels esdeveniments a les proximitats immediates d'A demanant la coincidència de les posicions de les agulles del rellotge que són simultànies. amb aquests esdeveniments".

Del text s'entén que Einstein intenta **establir l'hora dels esdeveniments** que es troben a prop del rellotge A per les posicions de les agulles del rellotge. El judici fet per Einstein és força intuïtiu, poc clar i necessita una anàlisi més detallada.
Einstein va parlar de nombrosos esdeveniments ocorreguts a prop d'un rellotge. Cadascun d'aquests esdeveniments coincideix amb la posició de les agulles del rellotge. Einstein no va assenyalar que en aquest cas, la "posició de les agulles del rellotge" representa un esdeveniment que passa. Però llavors, aquests són dos fets, de dos esdeveniments independents que coincideixen. Això dóna motius a Einstein per anomenar-los simultanis. Aleshores, la coincidència d'almenys dos esdeveniments, un dels quals és la posició de les agulles d' **un sol** rellotge, defineix almenys un moment en el temps. Aquesta és una molt bona idea d'Einstein, que utilitzarem tot el temps. I aleshores, **apareixen**

els esdeveniments (apareix un fenomen), amb una **essència** que és la coincidència. L'esdeveniment "posició del rellotge" té un valor numèric. El valor numèric apareix al rellotge i s'assigna a l'esdeveniment "posició de les agulles del rellotge". Els dos esdeveniments, que són dos **fenòmens**, tenen la mateixa **essència**, que es designa com una coincidència.

I llavors la coincidència té el mateix valor numèric específic, i s'anomena **moment de temps**.

Normalment es denota amb T_n o t_n, on, $n = 0,1,2,3,....\infty$

Un moment en el temps és sempre el principi o el final d'algun **interval de temps**. Es permet que l'inici o el final de l'**interval de temps concret** sigui desconegut, i llavors l'investigador no comenta ni el final ni el principi.

9. CONCLUSIÓ

Es pot dir que el que he escrit no és tan important, i la Relativitat Especial és correcta.
Argumentaré molt breument:
La relativitat especial és una teoria del temps físic. El temps físic va ser definit per Einstein. El temps físic és relatiu. El mètode d'Einstein utilitza una expressió matemàtica senzilla:

$$t_B - t_A = t'_A - t_B$$

Mitjançant aquesta expressió, Einstein va definir el concepte d'"*interval de temps*".
A la relativitat especial, "*interval de temps*" es converteix en "*temps físic*". Quan hi ha dubte que **l'interval de temps** és incorrecte, vol dir que el temps físic és incorrecte i que la Relativitat Especial és incorrecta.

www.ingramcontent.com/pod-product-compliance
Lightning Source LLC
Chambersburg PA
CBHW070304220526
45465CB00004B/1733